U0155695

creadion

芥子园

日本学研神秘·百科·

The ENCYCLOPEDIA of ALIEN & UFO

外星人UFO大百科

日本学研教育出版社◎编著

王榆琮◎译

廣東旅游出版社

中国·广州

图书在版编目（CIP）数据

外星人UFO大百科 / 日本学研教育出版社编著；王榆琮译. 一 广州：广东旅游出版社，2024.6（2024.12 重印）
ISBN 978-7-5570-3312-5

Ⅰ. ①外… Ⅱ. ①日… ②王… Ⅲ. ①地外生命－普及读物 Ⅳ. ①Q693-49

中国国家版本馆CIP数据核字(2024)第 091880 号

UFO to Uchujin no Daihyakka
©Gakken
First published in Japan 2014 by Gakken Plus Co., Ltd., Tokyo
Simplified Chinese translation rights arranged with Gakken Inc.
through East West Culture & Media Co., Ltd.
著作权合同登记号：图字 19-2024-005 号

出 版 人：刘志松
出版监制：魏 傩
策划编辑：魏 傩 绿香蕉
责任编辑：廖晓威
责任技编：冼志良
责任校对：李瑞苑
特约编辑：王世琛
装帧设计：人马艺术设计・储平
特约印制：赵 明 赵 聪

外星人UFO大百科
WAIXINGREN UFO DABAIKE

广东旅游出版社出版发行
（广东省广州市荔湾区沙面北街 71 号首、二层）
邮编：510130
电话：020-87347732（总编室） 020-87348887（销售热线）
投稿邮箱：2026542779@qq.com
印刷：天津联城印刷有限公司
地址：天津市宝坻区新安镇工业园区 3 号路 2 号
开本：880 毫米 × 1230 毫米 32 开
字数：130 千字
印张：6.75
版次：2024 年 6 月第 1 版
印次：2024 年 12 月第 2 次
定价：59.00 元

外星人与UFO的独家照片

UFO里真的有外星人吗？
它们为何要搭乘UFO来到地球呢？
本书公布足以震撼世界的独家照片！

夜幕降临时，用红外线相机拍摄的外星人“小灰人”。

独家消息！

外星人在地球上留下了踪迹！

外星人趁人类不注意时，会暗中造访地球。也许外星人就曾经出现在你身边！

1963 年，保罗 · 维拉拍摄到的圆盘形 UFO，这是一张较为清晰的珍贵照片。

外星人与UFO的独家照片

这两张照片中的光团出现在挪威上空，被称为“赫斯达伦之光”。

1968 年，苏联郊区疑似有UFO坠毁，当时的机密影像终于被公开。

哈瓦德·梅杰拍到的月球表面的“金星人基地”。

1978 年，英国警察遭到一架带触手的迷你UFO攻击。

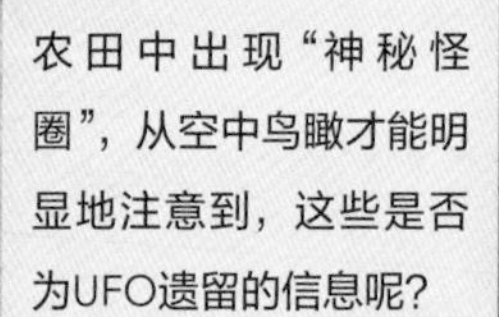

农田中出现“神秘怪圈”，从空中鸟瞰才能明显地注意到，这些是否为UFO遗留的信息呢？

1961 年，从外星人手上取得饼干的乔·西蒙顿。

独家消息！

外星人究竟想对人类传达什么信息呢？

UFO疑似在地球上留下不少痕迹，我们是否有办法解读其中包含的信息呢？

外星人与UFO的独家照片

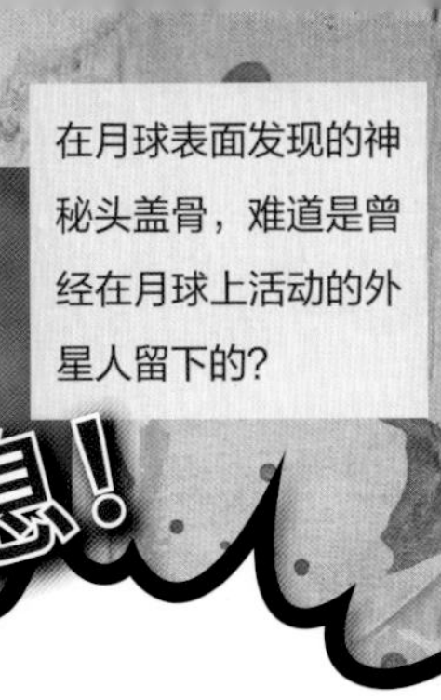

在月球表面发现的神秘头盖骨，难道是曾经在月球上活动的外星人留下的？

独家消息！

外星人也在太空中活动！

太空中也时常出现UFO的身影，或许外星人正从宇宙中的某处来到地球。

太阳周围出现神秘的UFO，这是可以自在航行于太空中的宇宙飞船吗？

阿波罗 11 号在太空中拍摄的UFO，其形态如同古怪、扭曲的生物。

独家消息！

宇宙中真的有地球人以外的生物吗？

外表和地球人有差异的外星人到底来自何处呢？

请翻阅第 4 章

外星人与UFO的独家照片

1987 年，出现在英国的小型绿色外星人。

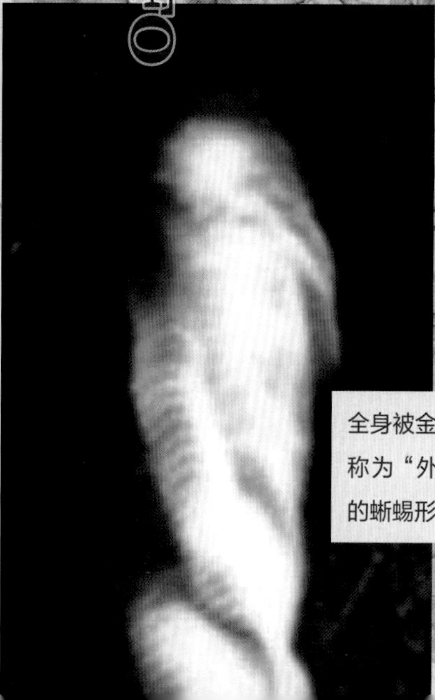

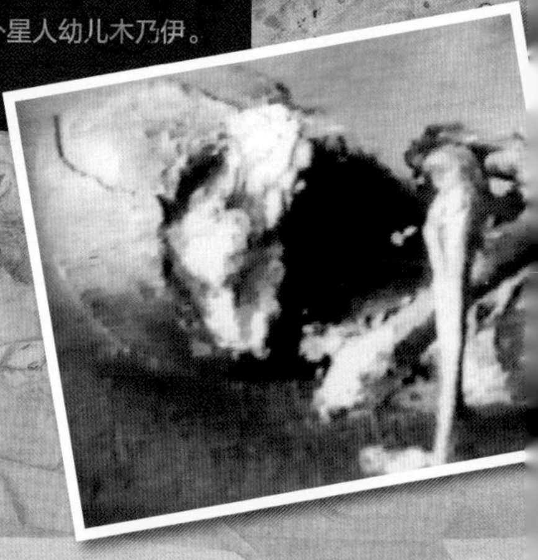

1996 年，于俄罗斯发现的外星人幼儿木乃伊。

全身被金光笼罩，被称为“外星爬虫人”的蜥蜴形外星人。

美国的帕斯卡古拉曾发生外星人将人类带进UFO，并消除其记忆的事件。

为何外星人要绑架人类？

据说外星人会暗中绑架人类，在美国，这种离奇的事件层出不穷！

独家消息！

曾被外星人绑架的希尔夫妻，在催眠疗法的帮助下，记起了自己遇到外星人的可怕经历。

通过手术取出外星人植入人类体内的异物。

外星人与UFO的独家照片

飞行于美国机密军事基地“51 区”上空的UFO，难道是外星人在地球上研发的秘密兵器？

独家消息！

地球制UFO正在研发中？

人类已经掌握外星高科技了吗？难道美国私藏了许多关于外星科技的秘密？

看上去很像UFO的地球制飞行器，运用了外星技术吗？

目录
CONTENTS

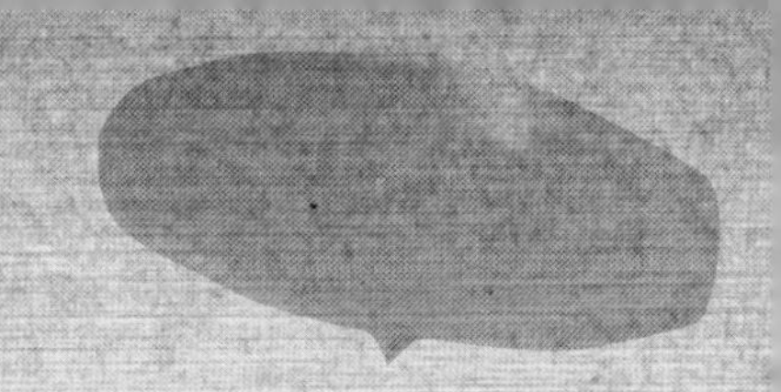

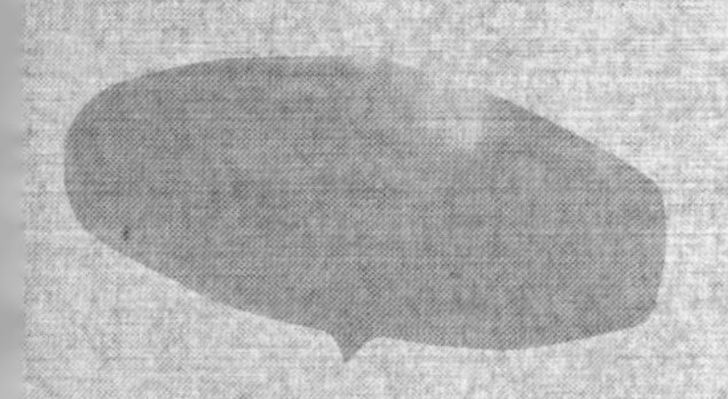

外星人和UFO的关键词图鉴

阅读本书时常看到的基本用语

【UFO】

UFO是Unidentified Flying Object（不明飞行物）的简称。空中的不明飞行物或与其有关的自然现象统称为“UFO现象”。

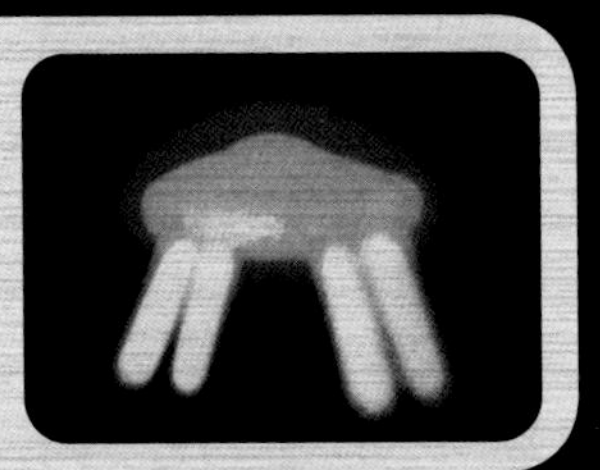

【飞碟】

在尚未正式使用“UFO”一词前，大众以此称呼不明飞行物，可以说是UFO的旧名字。现在仍会用飞碟指代不明飞行物。

【滞空】

虽然UFO是没有机翼结构的飞行物，却能停在空中。这是一种违背重力的未知飞行技术，是判断是否为UFO的标准之一。

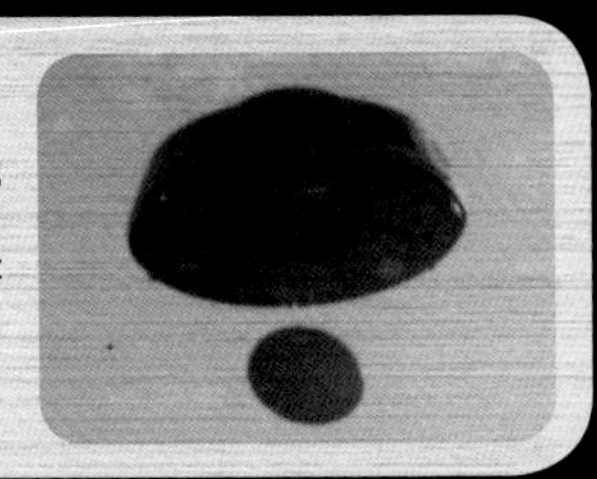

【近距离接触】

虽然没有明确的距离标准，但这个名词代表UFO或外星人近距离出现在目击者身边。此外，还有少数直接接触的情况。

【外星人】

所有来自太空的智慧生命体或其他非地球生物，在本书中一律被称为外星人。

【绑架】

被外星人绑架的人类会被带到UFO中，接受身体检查再被送回地球。据说曾被外星人绑架的人类不但会失去被绑架时的记忆，而且体内有可能会被外星人植入疑似通信装置的不明异物。

【神秘怪圈】

UFO着陆时残留于地表的痕迹。有的痕迹是圆形的，但也有许多非圆形的痕迹。

【被接触者】

声称自己和UFO接触过的人，称为“被接触者”。通常他们遇到的外星人都很友善，彼此还能通过“心电感应”进行沟通。

【集中目击】

不特定的多数人目击UFO的状况，比一个人目击UFO更有可信度。

本书的阅读方法

UFO这个词由Unidentified Flying Object中每个单词的第一个字母组合而成，意思为不明飞行物。外星人还有外来生物、宇宙人等不同的称呼，主要用来形容非地球人的智慧生命体。本书将具体介绍UFO及外星人的相关信息。

档案编号

本书介绍的 105 则外星人和UFO相关事件的顺序编号。

名字

外星人和UFO相关事件的名称。

神秘物体飞向爆发的火山

外星人的秘密基地

△飞向爆发的火山的神秘发光物。

一个巨大的发光物居然以急转弯的方式飞入了火山爆发的浓烟中。这张令人震惊的照片是在 2000 年 12 月 19 日，由监控墨西哥波波卡特佩特火山的

冲击度 ★★★★★ 【发现地点】墨西哥 【目击年份】2000 年

实时摄影机拍下的。由于该发光物能在飞行时急转弯，可以判断其绝非一般的陨石。另外，根据摄影时间查询此处的飞行记录，可知该发光物不是飞机或直升机。

波波卡特佩特火山海拔为 5393 米，以前就经常有人在此地看到疑似 UFO 的物体，因此有些人推测，古代盛极一时的玛雅文明和阿兹特克文明或许跟外星人脱不了关系。还有人认为，也许此处的地底深处藏着 UFO 的秘密基地，所以 UFO 才会屡次在这里出没。

第 1 章 令人震惊的 UFO 照片与目击事件

61

照片

拍到的外星人和UFO的照片以及场景还原示意图。

冲击度

外星人和UFO相关事件带给世人的冲击度。星星的数量越多，代表冲击度越大。

外星人和UFO出现的地点以及目击年份。

资料

外星人和UFO真的存在吗？

UFO是什么？外星人从哪里来……

这些问题的答案恐怕不止一个。

为了解答这些问题，

首先要让读者了解一些基本概念。

什么是UFO现象

当我们抬头往天空望去，看到既不属于自然现象，也不是已知飞行物的不明物体在天上飞行时，很有可能看到了UFO。

有些人认为UFO就是外星人驾驶的宇宙飞船，因为在广袤的宇宙中，某些星球可能有能够孕育生命的条件。在这些能孕育生命的星球上，或许居住着拥有更先进的知识及技术的外星人，它们甚至可能拥有从自己的星球到达地球的科技。

研究UFO现象多年的美国天文学者约瑟夫·艾伦·海尼克博士认为，我们不能轻易相信UFO的存在，而是要以质疑的态度来看待。

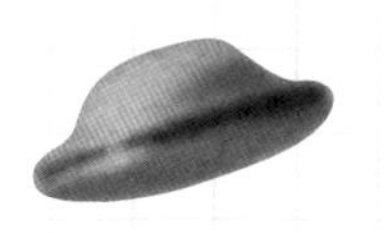

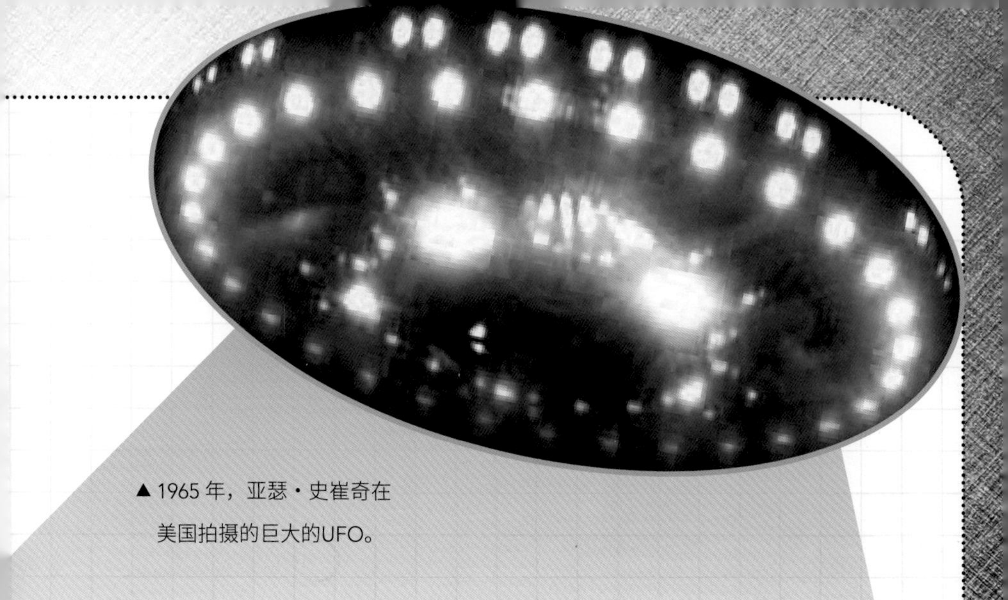

▲1965 年，亚瑟・史崔奇在美国拍摄的巨大的UFO。

UFO现象本身就是一个必须通过分析才能弄清楚的谜题。

下面就通过本书中的照片、事件，用自己的眼睛来确认UFO是否存在吧！

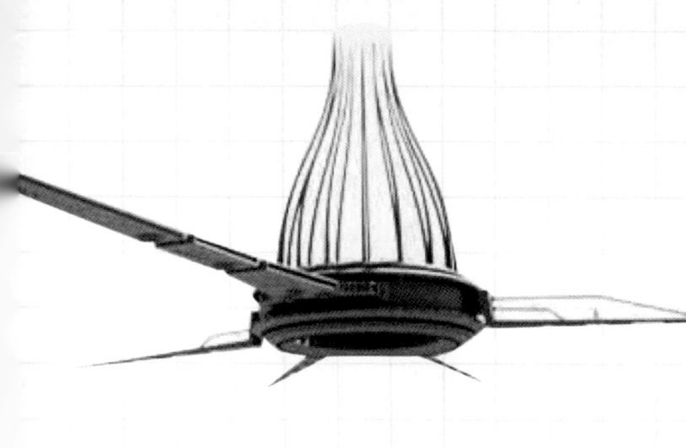

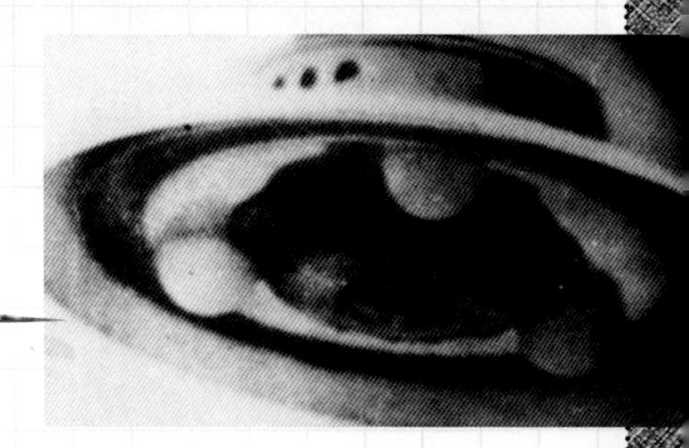

UFO现象的种类

◀为 UFO 现象分类的约瑟夫·艾伦·海尼克博士。

第一类

接触

1948 年，美国东方航空的 576 航班曾接近雪茄形UFO。

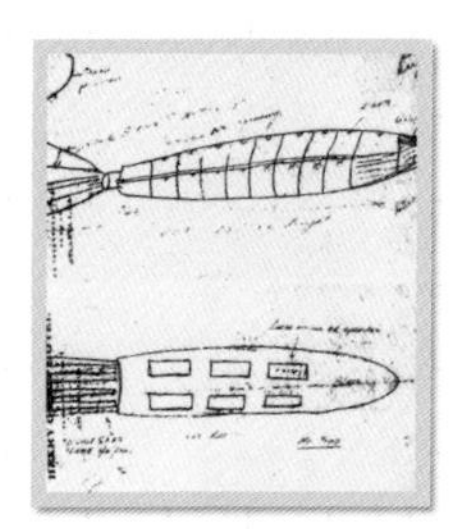

“UFO现象”这个概念包含的内容相当广泛，为了以科学的方式调查UFO现象，以及探讨相关法则，有必要进行分类。美国天文学者约瑟夫·艾伦·海尼克博士将UFO现象按不同程度进行分类。

海尼克博士按照目击者和UFO之间的距离，将UFO现象分为远距离的和近距离的。在远距离的情况中，由于对UFO现象的记录不够详细，所以侧重于出现时间和观测方式。远距离UFO现象分类如下：

★夜间目击的UFO。

★白天目击的UFO。

★肉眼及雷达发现的UFO。

而在近距离的情况中，通常会比远距离的情况取得更详细的

第二类
接触

1980 年，薇琪·兰德勒姆在美国得克萨斯州被UFO攻击，身上留下了被烫伤的痕迹。

第三类
接触

1964 年，在美国新墨西哥州索科罗县，一位警官遇到了外星人和UFO。

第四类
接触

被外星人绑架后，被植入异物（画“○”处）的手掌的X光片。

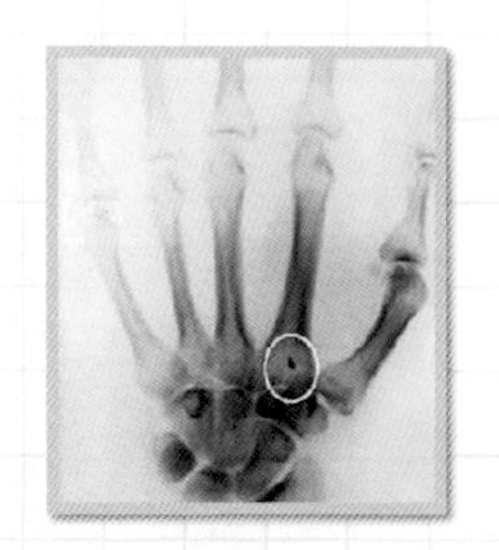

关于UFO的情报。近距离UFO现象被称为“近距离接触”。以下为其分类：

★第一类接触：在 500 米内目击UFO。

★第二类接触：发现UFO的着陆痕迹或直接被UFO袭击。

★第三类接触：和外星人会面。

除了海尼克博士的分类，还有关于第四类接触的发现。所谓“第四类接触”，就是目击者被外星人绑架或体内被外星人植入不明异物的情况。

可以说，UFO现象其实包含了各种情形。

UFO 的形状与种类

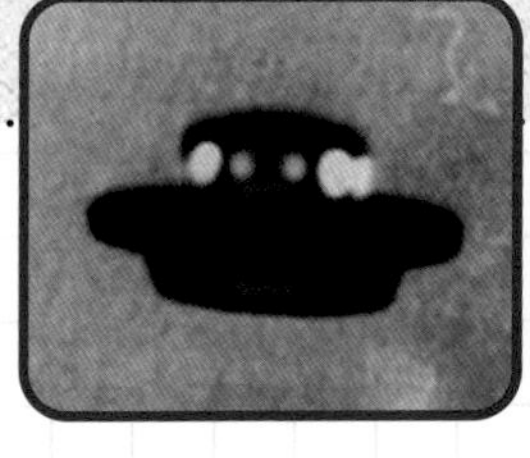

▲1993 年，于墨西哥拍摄到的UFO。照片中的UFO侧面有窗户结构。

这种被称为“飞行圆盘”的UFO，是目击报告最多的种类。由于其形状和质感大多有相当明显的区别，因此被细分为碟形、土星形、圆顶形（亚当斯基型）等类型。

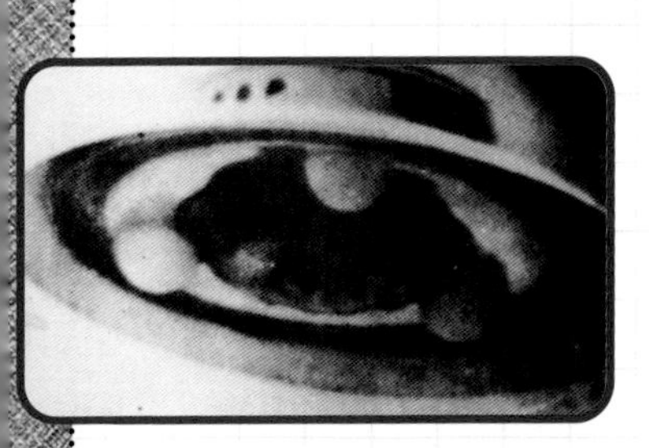

▲1952 年，乔治・亚当斯基拍摄到的圆顶形UFO。后来，这种造型的UFO被称为亚当斯基型UFO。

▼1963 年，保罗・维拉在美国新墨西哥州拍摄的碟形UFO。

迄今为止，人们目击的UFO形状各异，它们的共同点是没有机翼结构，让人难以想象飞行原理。过去，被目击的UFO的形状通常是圆盘形，但近年来，常常有人目击外观呈三角形等各种形状的UFO，不禁让人认为使用这些飞行器的并不是同一种外星人。

▲ 第二次世界大战时拍摄到的球形UFO“火球战斗机”。

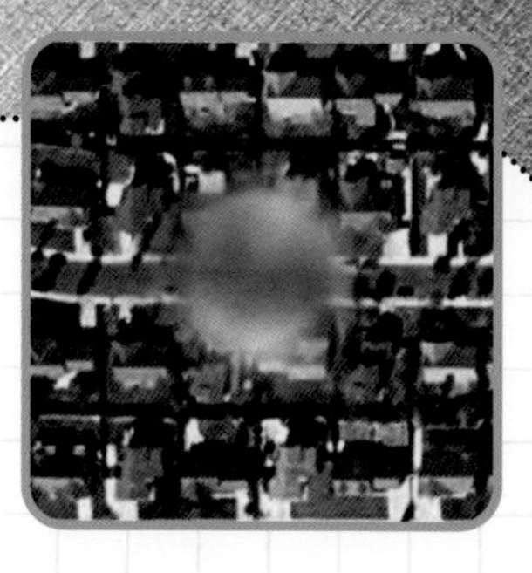

▲ 2006 年，卫星照片中出现了球形UFO。

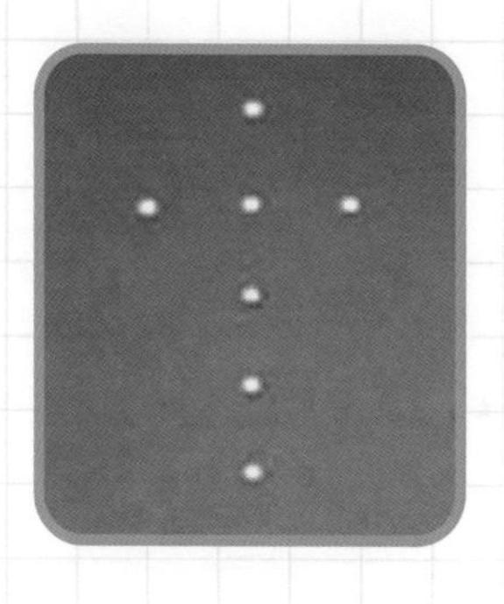

◀ 2005 年，于美国佛罗里达州拍摄到的球形UFO，这些UFO在空中呈十字队形。

球 形

此种形状的UFO大多属于远距离UFO现象，出现时会发出强光。通常有多架UFO同时出现，有时会组成飞行编队。

我们无从得知UFO是否会因使用方式不同而呈现不同的样子，也无从得知是否有不同种类的外星人搭乘UFO来到地球。此外，某些体积较小、内部没有载人空间的UFO，也许是外星人从母舰派来专门监视地球的无人侦察机。

圆筒形

此种UFO大多长数百米，有人曾目击内部能容纳小型UFO，推测是母舰。

▼1951 年，乔治·亚当斯基拍摄到的圆筒形UFO，这架UFO还发射出 6 架小型UFO。

▲1974 年 10 月 11 日，于日本广岛县尾道市拍摄到的UFO照片。此UFO是圆筒形的。

◀2002 年，于英国苏格兰拍摄到的三角形UFO。

顾名思义，这是一种外形呈三角形的UFO。虽然这种UFO的形状酷似美军秘密武器“隐形侦察机”，常被认为并不是UFO，不过在美国以外的地区也有人目击类似的UFO。

▶1990 年，于比利时拍摄到的三角形UFO。

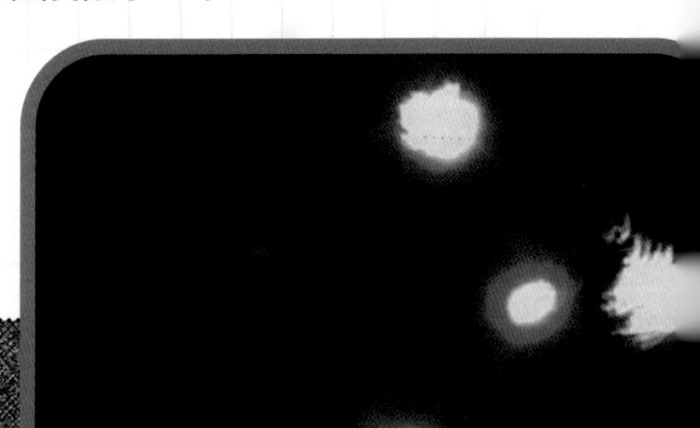

这种UFO通常有左右不对称的复杂外形，甚至有机械的造型及金字塔形。无法得知内部是否有外星人，有人推测这种UFO是无人侦察机。

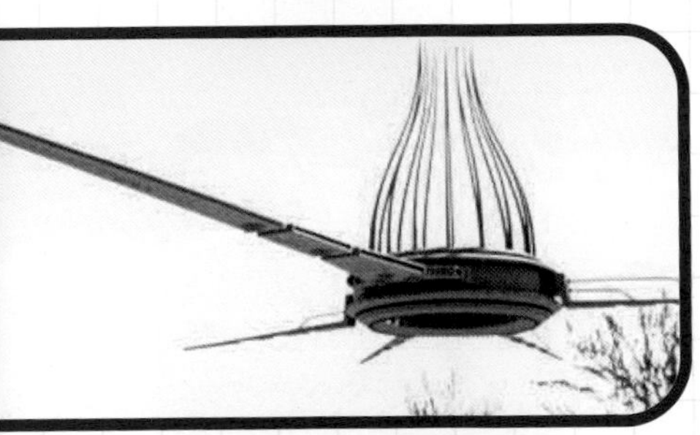

◀ 2007 年，于美国加利福尼亚州拍摄到的UFO。此UFO很可能是无人侦察机。

▶ 2012 年，于中国拍摄到的UFC，其外形像一条在天空翱翔的飞龙。

▲ 2011 年，于中国拍摄的UFO。其外形就像两座金字塔组合在一起。

这类UFO和金属质感的UFO不同，本身就像变形虫一样没有固定的形状。由于行动方式看起来像生物，因此也被称为“UFC”（不明飞行生物）。

▲ 2000 年，于墨西哥拍摄的人形UFC“飞人”。

▲1993 年，于美国内华达州的机密军事基地“51 区”拍摄到的飞行轨迹呈锯齿状的UFO。

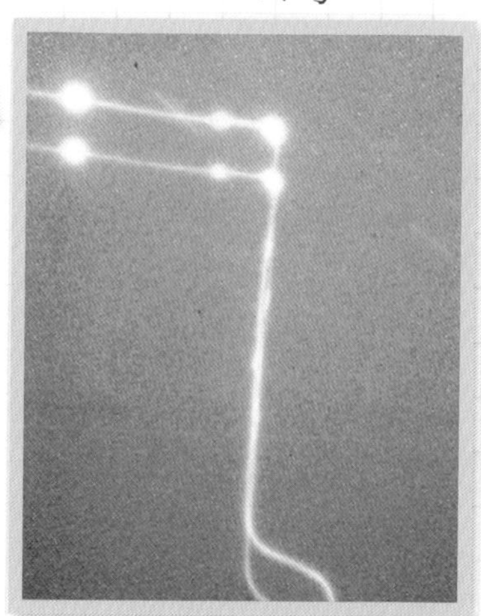

▶1981 年，于美国印第安纳州拍摄到的UFO。照片上的UFO可以 90 度转弯。

UFO的飞行方式

UFO的飞行方式明显和飞机有天壤之别，这是区分是否为UFO的重要依据。例如飞行轨迹呈锯齿状、波浪状，或以较锐利的角度转换方向等。这类UFO特有的飞行方式，不是地球上的飞行器可以轻易办到的。

UFO可以在空中自如地飞行，靠的是什么科技呢？经过许多科学家的讨论，目前最有可能的推测为以下两种：

★人造重力推进说

德国火箭专家赫尔曼·奥伯特提出，如果UFO配备可以制造重力环境的装置，就能让本应从上至下朝向地表的重力转换方向，从

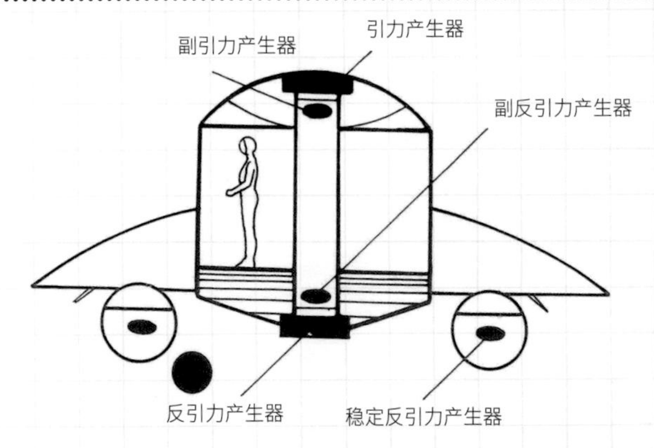

人造重力推进

◀ 此图为英国航天工程师莱昂纳多·科朗普根据奥伯特的理论，推测的人造重力推进器的结构图。

电磁推进

▶ 有些研究者认为，只要载具内部能产生强大的电磁场，在中心位置控制好正极和负极之间的力量，就可以飞行。

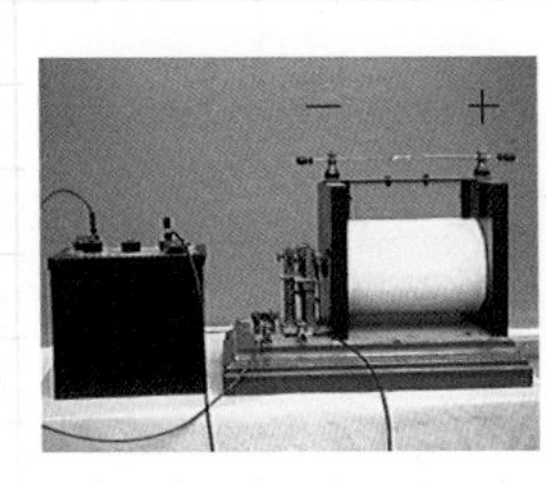

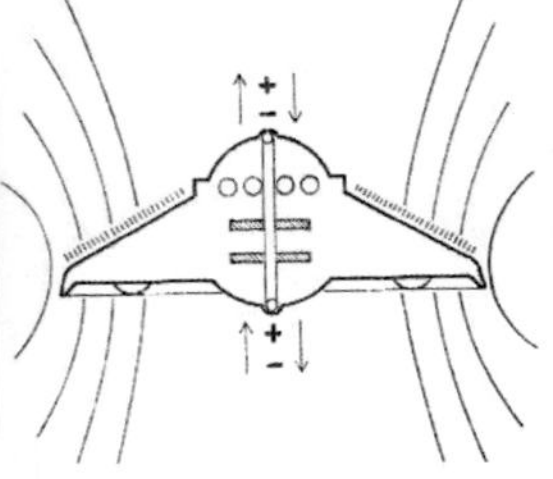

而让飞行器浮空。

如果UFO真的具备这项技术，就能解释为何UFO可以突然加速、突然停止，以及搭乘者为什么能不受强引力的影响。

★电磁推进说

由于UFO出没时大多没有声音，以及本身会发光，所以有人推测，UFO可以自行产生强大的电磁场，实现飞行。这种推论是基于UFO出没时，会出现停电以及电器停止运转等电磁波干扰现象。

虽然关于UFO运用的科技有各种推论，但可惜的是，以人类目前的技术，仍无法制造UFO。

1

来自地球外天体说

◀ 多数被发现的外星人明显与地球上的生物有差异，因此外星人一般被认为是从其他星球乘坐UFO来到地球的，这是十分自然且合理的推测。

UFO从哪里来

也许你想问：拥有先进飞行技术的UFO究竟是从何处来到地球的？本书列出了下面几种关于UFO来历的推测。

★来自地球外天体说

此假说认为UFO即来自太空的飞行物，这是可能性较高的假说。关于外星人来地球的动机，有学术调查、舍弃母星并且打算移居地球等各种推论。在这种假说中，由于外星人来自地球以外的星球，因此也会将其称为“宇宙人”。

★地球制秘密武器说

此假说认为美国人取得了外星人提供的UFO研发技术，并在地

2 地球制秘密武器说

▶ 于美国的机密军事基地“51区”拍摄到的外星人。有人推测，也许美国人从这个外星人那里得到了研发UFO的技术。

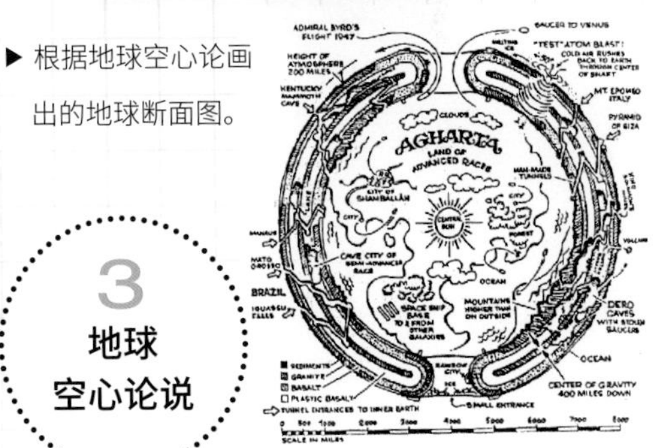

▶ 根据地球空心论画出的地球断面图。

▲ 有关地心空洞世界的想象图，画出了地底人栖息的未知世界。

3 地球空心论说

球上制造军用飞行器。不过，这种假说必须以外星人确实造访过地球为前提，因此基本上是“来自地球外天体说”的延伸推论。

★地球空心论说

此假说稍微有些奇特，推测地球内部有广大的空间，里面住着地底人，他们乘坐UFO，从南极与北极的大洞飞到地表。

还有认为水底有UFO基地的“来自水中假说”、UFO其实是未来人从未来回到现在搭乘的载具的“时光机假说”等。虽然有五花八门的推论，但必须等外星人愿意站在大众面前时，才能为我们解答所有的问题！

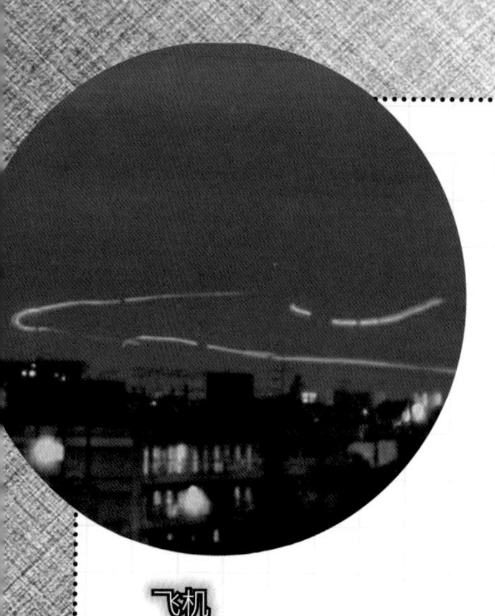

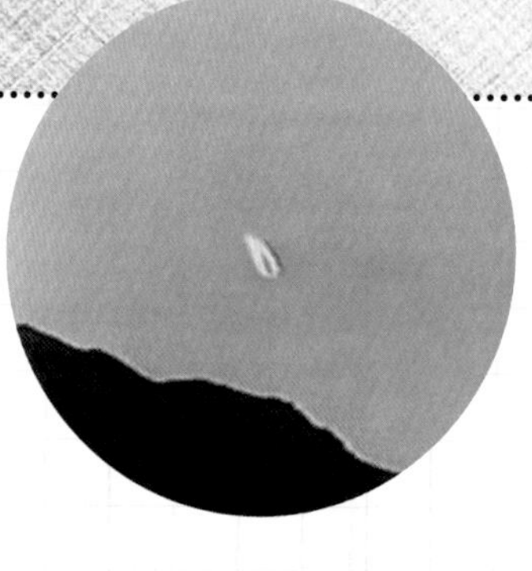

航迹云

◀ 断开的航迹云很难分辨，用双筒望远镜比较容易确认。

▶ 如果气象气球被光源照射或本身形状特别，就容易让人误认为UFO。

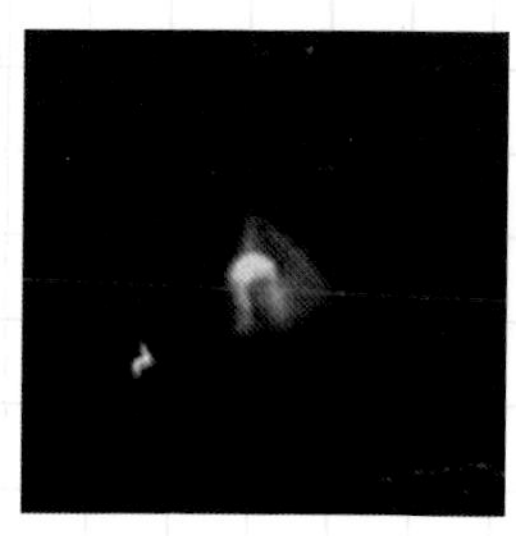

飞机

▲ 当飞机处于日光下，很难看清机翼。另外，在夜间拍摄飞机，只要长时间曝光，飞行轨迹看起来就很像UFO的轨迹。

容易被误认为UFO的情况

误认是UFO目击事件中最常发生的事，甚至有人认为 80%～90%的目击事件，都是误认引发的乌龙事件。容易被误认为UFO的情况有哪些呢？

★飞机等飞行器

在高空飞行的喷气式飞机、在低空飞行的小型飞机或在夜晚飞行时开启探照灯的直升机，都特别容易被误认为UFO。此外，飞机的机翼会因为日光或月光变得难以辨识，观测时要特别留意这一点。

★航迹云

飞机飞行时消耗大量的燃料，产生的水汽和部分热量随废气排出，

旋浮云

▲ 虽然这种云很容易被看作圆盘形UFO，但因为是自然现象，只要仔细观察，就能看出云朵与UFO移动方式的不同，不会误认。

人造卫星

▲ 人造卫星（箭头所指处）和一般的UFO不同，会以缓慢的速度直线移动。

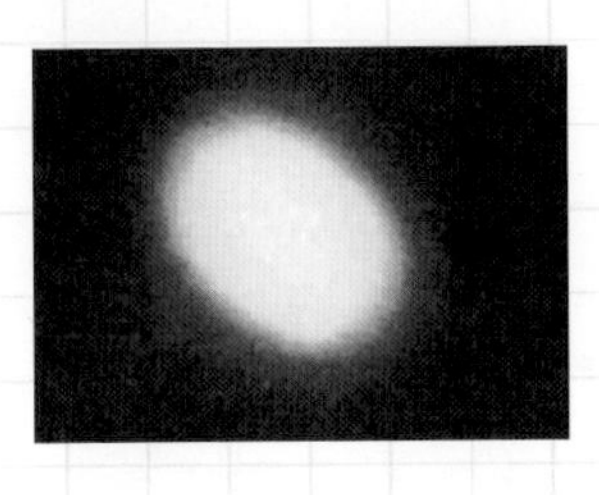

金星

◀ 异常明亮的金星不会移动，相当容易分辨。

进入大气层，形成白烟状的长条凝结物，就是航迹云。断开的较短的航迹云，若被橙色的日光照耀，很容易被误认为圆筒形UFO。

★气象气球

观测气象的气球飘浮在空中时，很容易被误认为圆盘形UFO。不过，气象气球不会剧烈地上下移动，而且只要询问当地气象单位，就能知道天空中的物体是否为气象气球。

在夜间飞行的候鸟、闪烁的人造卫星、流星、火球、金星等，也常常被误认为UFO。只要和本页提供的照片进行对比，并且冷静地观察，就不太会出现误认的乌龙事件。总之，当你觉得自己看到了UFO，最重要的是不要惊慌，并且冷静地思考。

第1章

令人震惊的UFO照片与目击事件

本章将介绍一些不知从哪里来的诡异UFO，以及有关UFO的惊悚事件！

墨西哥空军目击UFO事件

在3500米高空拍到了不明飞行物

美国联合通讯社于2004年5月13日报道了一则令人震惊的新闻。

该新闻表示，墨西哥空军所属的马林C26A侦察机于墨西哥南部的坎佩切州卡门城上空约3500米处，遭遇了11架UFO。这则新闻得到了墨西哥国防部的官方确认。在报道的同一天，媒体公开了飞行员拍摄的影像。该侦察机配备当时最先进的摄影器材，清楚地拍到了许多架在空中高速移动的UFO。这些UFO大小如同汽车车灯，一边飞行一边发出刺眼的光芒。

▲目击UFO的墨西哥空军飞行员

冲击度 ★★★★★ 【发现地点】**墨西哥** 【目击年份】**2004年**

该侦察机的飞行员声称："当时我在坎佩切州上空执行侦查任务，突然被这些UFO团团包围。最不可思议的是，虽然能用眼睛看到11架UFO，但雷达只显示3架。我近距离遭遇这些UFO的时间大约为15分钟。"

该事件发生于媒体公开报道前2个多月，具体时间为2004年3月5日下午5点。墨西哥国防部在接到这份调查报告后，花了5周的时间持续展开调查，结论是"这些UFO由未知的物质制成，很可能是由高智慧生命体操纵的"。

集体现身的神秘UFO

▼ 墨西哥空军飞行员拍到的6架UFO

另一方面，怀疑这张照片真实性的研究者否定了这个结论。他们认为飞行员只是拍到了墨西哥沿海地区的石油储罐。

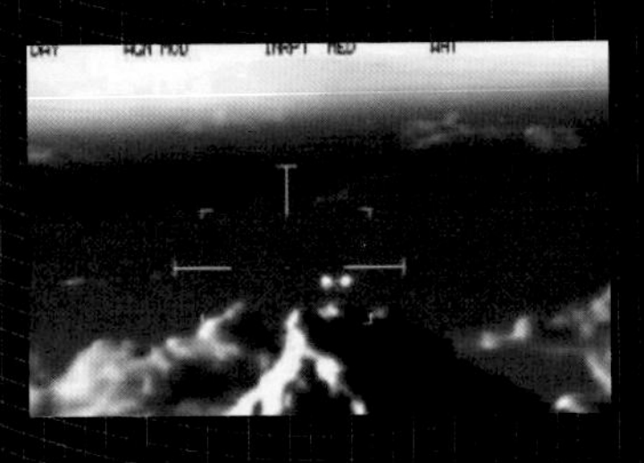

▲ 云海深处的UFO，难以辨别它们是在地面上还是在空中飞行

比利时三角形UFO

目击者总数超过一万人的骚动事件

1989 年 11 月 29 日到 1990 年 5 月，比利时上空数次出现三角形UFO，超过一万人目击UFO，造成不小的骚动。UFO初次出现的那天下午 5 点到 9 点，当地警方接到了 154 起目击报告。

该黑色UFO呈三角形状，三个角上各有一个发出强光的物体。当时，追着该UFO跑的警察表示："那架UFO用很细的红色光束照射地面，光束前端连接着红色的球状物体。我看到那个球状物体退回UFO中，消失了。"

自那天起，UFO出现的消息屡屡传出。1990 年 3 月 30 日，发生了一起决定性的重大事件。当时，不仅数百人目击了UFO，就连空军的雷达也捕捉到

冲击度 ★★★★★ 【发现地点】**比利时** 【目击年份】**1989—1990 年**

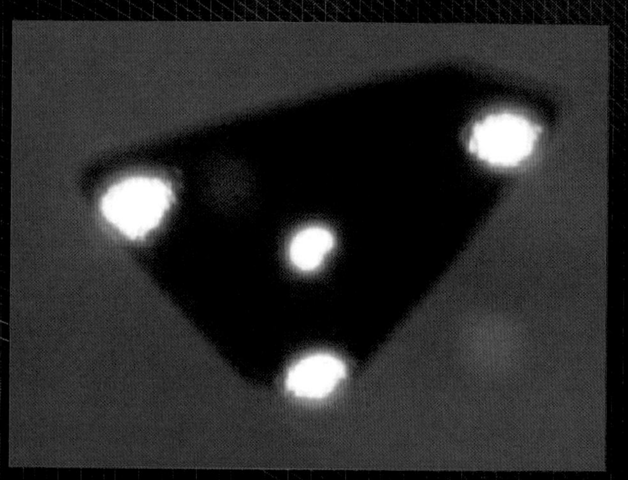

▲1990 年 6 月 15 日，于比利时南部瓦隆大区拍到的三角形UFO

三角形UFO

1990年4月7日，于比利时列日拍摄到的三角形UFO

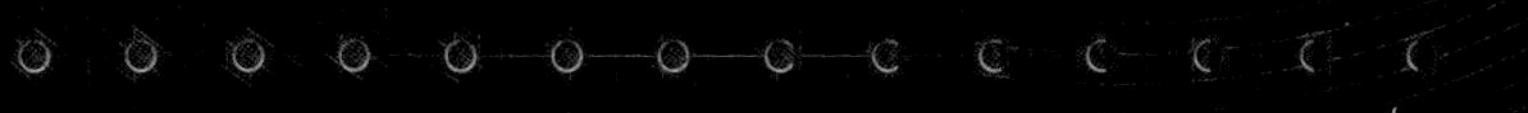

了UFO的踪迹。那架UFO的时速从280千米突然增加到1830千米，并且从2700米的高空快速下降了1200米。这种飞行方式绝非一般的飞行器能做到的。

后来，这起UFO事件被世人称为“比利时UFO骚动”（集中目击事件），表明这段时期一连串的相关事件同时出现了众多目击者。

假如只有一个人或少数人目击了该事件，那么可以合理怀疑这些人可能是谎报或误认。然而，该事件拥有上万个目击者，拍到的UFO大多为三角形的，拍摄地点分散于比利时境内各地。因此，人们很难从伪造的角度看待这起比利时UFO骚动事件。在论证UFO是否存在时，这起事件有极其重要的地位。

发射诡异光线的UFO

在蓄水湖上空发生的集体目击事件

这起UFO事件发生在美国新泽西州的沃纳基，时间为1966年1月11日下午6点半左右。当时，一个名叫乔·希斯科的警察刚好开着警车在蓄水湖附近执行巡逻任务。通过车上的无线电，他收到一则奇怪的报案信息："沃纳基蓄水湖上空有个圆盘飞来飞去。"

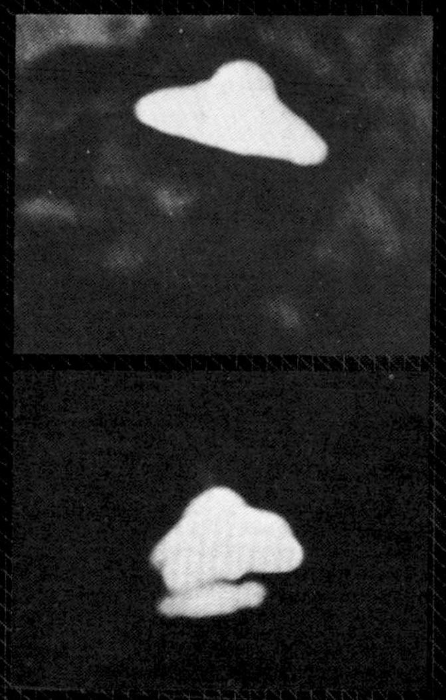

沃纳基蓄水湖上空出现的神秘UFO

冲击度 ★★★★★ 【发现地点】美国 【目击年份】1966年

他一边保持警戒，一边将车开到湖边，发现水坝上空有一架发出朦胧的光的圆盘形UFO，正无声地悬浮在空中。

沃纳基市市长哈利·伍尔夫及其14岁的儿子比利闻讯赶来，他们也看到了那架UFO悬浮在空中的景象。根据市长的描述，那架UFO大约长1～3米，发出的光十分微弱，而且并没有闪烁。比利表示，那架UFO发出的光的颜色从白色依次转变为红色、绿色。

沃纳基蓄水湖当时的景象

不久，那架UFO开

始朝下移动，似乎打算接近结冰的湖面。接着，它突然朝湖面发射光束！据说，该UFO发射的光束在厚达5厘米的冰面上挖出了一个直径约为3厘米的洞。

在目击者还无法判断该行为的动机时，那架UFO开始向上攀升，直至不见踪影。

令人惊讶的是，政府居然下令没收当时目击者拍摄的照片。至今，对于那架UFO的真面目以及它究竟为何发射古怪的光束，人们仍一无所知，也无法验证该UFO事件的真实性。在这起事件发生后，相关部门在蓄水湖水坝附近安装了雷达，但从此再也没有发生新的UFO事件。

发射神秘光线的圆盘形UFO

出现在沃纳基蓄水湖上空的UFO发射神秘光线的瞬间。如此震撼的画面，在UFO相关照片中相当稀有

肯尼斯·阿诺德事件

UFO事件史的起点

第一个对外发表目击UFO的人，是美国企业家、飞行员肯尼斯·阿诺德。1947年6月24日，阿诺德乘坐私人飞机从美国华盛顿州的奇黑利斯镇飞往同州的雅基马县。起飞后不久，飞机上的无线电传来了空军的消息。当时，空军希望阿诺德协助搜索失踪的海兵队运输机。接受了请求的阿诺德在下午3点飞到雷尼尔山上空2300米处时，发现附近出现了9架编成一队的

经常出现UFO事件的雷尼尔山

冲击度 ★★★★★ 【发现地点】美国 【目击年份】1947年

发光UFO。之后，这个UFO编队急速下降，又急速上升，快得如同闪电。阿诺德用手边的仪器进行测量，估计这个编队长8千米，每架UFO的长度约为15米，时速大约为2700千米。

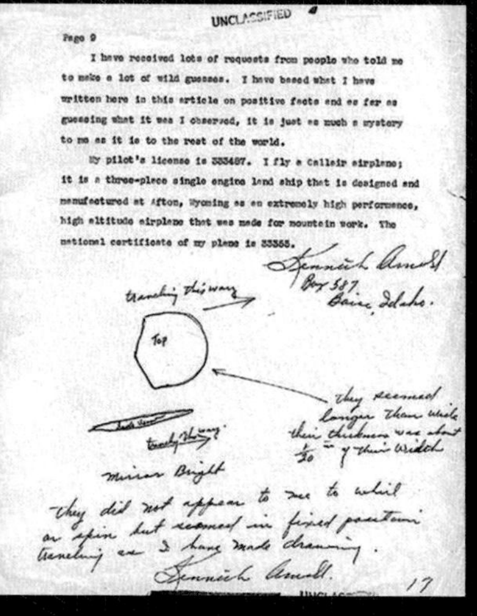
UNCLASSIFIED

Page 9

I have received lots of requests from people who told me to make a lot of wild guesses. I have based what I have written here in this article on positive facts and as far as guessing what it was I observed, it is just as much a mystery to me as it is to the rest of the world.

My pilot's license is 333487. I fly a Callair airplane; it is a three-place single engine land ship that is designed and manufactured at Afton, Wyoming as an extremely high performance, high altitude airplane that was made for mountain work. The national certificate of my plane is 33355.

Kenneth Arnold
Box 587
Boise, Idaho.

traveling this way

Top

they seemed longer than wide their thickness was about 1/20 of their width

mirror bright

They did not appear to me to whirl or spin but seemed in fixed position traveling as I have made drawing.

Kenneth Arnold

肯尼斯·阿诺德画的UFO速写，外表看上去很平坦

新闻媒体报道："阿诺德说：'它们的飞行模式就像蜻蜓点水，形状像叠放在一起的咖啡碟。'"后来，人们根据报道，将这些不明飞行物称为"飞碟"。

▲ 肯尼斯·阿诺德拿着UFO的复原示意图

不过，这个称呼其实是新闻媒体误解阿诺德的话的结果。新闻媒体将阿诺德说的"飞行模式像蜻蜓点水，形状像叠放在一起的咖啡碟"误解为"咖啡碟般的形状"。实际上，从阿诺德画的示意图来看，该UFO的形状与"叠起来的咖啡碟"并不相似。

这个事件发生后，到20世纪60年代UFO这个名称开始大众化之前，不明飞行物一直被称为"飞碟"。

洛杉矶空袭事件

承受1400多发高射炮攻击的UFO

1942年2月25日凌晨2点，美国加利福尼亚州的洛杉矶发生了一起骇人听闻的UFO事件。当时，洛杉矶某个陆军基地管制飞行的塔台人员发现，太平洋方向有15架发着光的不明飞行物，正以约320千米的时速飞行。接着，在不到10分钟的时间里，整个洛杉矶地区响起了空袭警报。

由于那时距离日军偷袭珍珠港事件不到3个月，因此美军起初将不明飞行物误认为日军的战斗机。

当时，那些不明飞行物在洛杉矶上空静止不动，并没有进行攻击。美军用探照灯照射不明飞行物，并在凌晨3点16分用高射炮展开对空攻击。美军的炮击于凌晨4点14分结束。整整58分钟内，美

冲击度 ★★★★★ 【发现地点】美国 【目击年份】1942年

军发射了1430发炮弹，但没有一架不明飞行物被击落。

那些不明飞行物毫发无伤，用约每小时75千米的速度前往西边的圣莫尼卡，接着朝南部的长滩市移动，最后消失了。

“那些不知道从哪里来的小型飞行物，在空中沿锯齿状的轨迹飞行，然后突然消失不见了。”“虽然不是很清楚准确的数量，但有数十架飞行物在空中快速飞行。”“6到9架发着白光的飞行物组成一个编队，慢慢飞行，感觉它们对地面上的骚动毫不在意。”目击者纷纷描述自己的所见所闻。

炮火中的UFO

UFO位于探照灯中心，四周的光点是高射炮的炮弹

他们的说法并不一致，有的人说不明飞行物的数量只有2架左右，有的人说不明飞行物像一栋小型公寓般大。

这起奇怪的事件发生在UFO和飞碟这两个说法还未出现的年代。至今，我们仍不清楚这起事件的真相。

鞋跟形UFO

快速转向、急速消失的UFO

鞋跟形UFO

▲ 罗兹拍到的鞋跟形UFO

冲击度 ★★★★★ 【发现地点】**美国** 【目击年份】1947 年

1947 年 7 月 7 日，住在美国亚利桑那州凤凰城的威廉·罗兹在家中听到如同喷射机的声音。他走出家门，发现一架外形与鞋跟十分相似的UFO正在约 900 米的高空飞行。

当时，那架UFO向后快速转向 3 次，然后迅速消失在西边的天空中。该UFO的长约为 6 ～ 10 米，时速约为 160 千米。

后来，美国联邦调查局探员以及汉密尔顿基地的情报官去拜访罗兹。他们问了罗兹许多问题，还向罗兹要了他拍的UFO照片，但并没有将照片还给罗兹。最古怪的是，自那以后，罗兹再也没有提过关于该UFO事件的任何事情。

曼特尔上尉惨案

离奇坠毁的战斗机

1948 年 1 月 7 日，美国肯塔基州北部的高曼空军基地上空出现了UFO。

根据多数目击者的证词，可知该UFO是一个银色的球体，上半部分闪着红色的光，直径约为 100 米。

为了确认该UFO的来历，军方派托马斯·曼特尔上尉驾驶P-51 战斗机进行侦察。曼特尔上尉和基地的最后一次联系发生在下午 2 点 45 分。

后来，军方得到了曼特尔上尉坠机的消息。消防员在飞机残骸中找到了他的遗体。查看遗体时，发现他戴的手表的时间停在 3 点 18 分。

这起事件对外公布时，有人认为曼特尔上尉可能是将金星误认为UFO，并因为飞得太高而缺氧，导致昏迷。不过，一位退役飞行员认为曼特尔上尉不可能会犯如此低级的错误。此外，也有人认为曼特尔上尉可能是离UFO太近了，才会被UFO击落。

冲击度 ★★★★☆ 【发现地点】美国 【目击年份】1948 年

曼特尔上尉驾驶的P-51 战斗机残骸。这起事件为UFO探索历程初期的重大事件

美国东方航空事件

雪茄形UFO急速接近美国的民航客机

1948 年 7 月 24 日凌晨 2 点 45 分，美国东方航空的一架客机飞行在美国亚拉巴马州蒙哥马利上空约 1500 米处时，机长克拉伦斯 · 蔡尔斯发现，飞机右方有一架发着微弱红光的UFO正逐渐逼近。副机长约翰 · 惠特德也发现了UFO。随后，UFO突然以令人难以置信的速度靠近飞机。

“要撞上了!”正当他们这么想的时候，那架UFO一边急转弯，一边迅速上升，然后消失在云海中。这一切发生在短短 10 秒内。

根据航空公司的官方报告，该UFO呈雪茄形，长度大约为 30 米，机身有两列窗户，底部闪着暗蓝色强光。另外，它的尾部喷出大约 15 米长的橙色火焰。

冲击度 ★★★★★ 【发现地点】美国 【目击年份】1948 年

虽然有些人认为该飞行物其实是陨石，但这种推论与报告内容并不吻合。

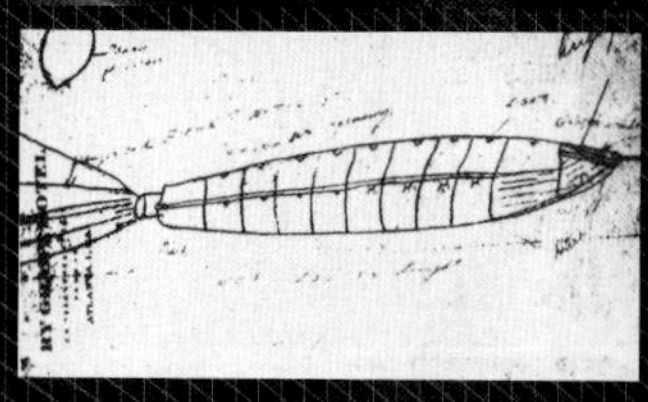

会发光的雪茄形UFO

上方为美国东方航空的DC-3 型客机遭遇UFO的再现示意图，下方为机长亲手画的UFO示意图

高曼少尉进行空战

和小型UFO展开长达20分钟的追踪战

与高曼少尉驾驶的战斗机型号相同的战斗机

冲击度 ★★★★★ 【发现地点】**美国** 【目击年份】**1948年**

1948年10月1日晚上9点，美国北达科他州空军少尉乔治·高曼执行完P-51战斗机的飞行训练，准备飞回法戈基地。途中，他发现一架奇怪的发光UFO，于是开始追踪。

当高曼少尉驾驶战斗机接近时，那架UFO开始左转。高曼少尉见状，追了上去。UFO一边转弯，一边急速上升。高曼少尉觉得自己的战斗机无法尾随，决定从反方向迎击。

就在高曼少尉的战斗机要与UFO迎面撞上时，它在距战斗机不到150米的高处擦过，接着再次加速。就这样，高曼少尉在空中追赶了20分钟，直至该UFO消失。关于该UFO，人们有各种推论，其中以气球说和木星说为主流，但目前依旧没有定论。

拉伯克之光

美国新墨西哥州的阿尔伯克基郊区住着一对夫妇。1951 年 8 月 25 日晚上 9 点，他们在自家庭院内目击了一个“V”字形发光物由北往南高速飞行。

那个“V”字形发光物飞行的高度约为250～300 米，全长约为 75 米。机身从前到后有多条黑色的线路，机翼后方有 8 盏闪着蓝光的灯。20 分钟后，得克萨斯理工大学教授罗宾孙也在家中的庭院，和几位同事一起目击了 15～20 个黄白色发光物在得克萨斯州拉伯克的天空中快速飞行。根据罗宾孙教授的证词，这群发光物当天夜里出现了 2 次，在之后的 2～3 周内出现了十几次。此外，还有数百位目击者亲眼看到了“V”字形发光物。

冲击度 ★★☆☆☆ 【发现地点】美国 【目击年份】1951 年

8 月 31 日，得克萨斯理工大学的大一学生卡尔·哈特拍到了 5 张“V”字形发光物的照片。这些排成V字形的可疑发光物，究竟是鸟还是飞机？关于V字形发光物，后来产生了许多争论，但一直没有得出准确的结论。

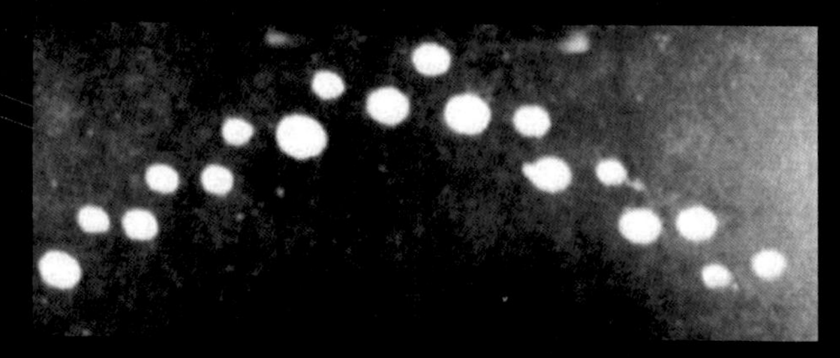

拉伯克之光

▲ 卡尔·哈特拍摄的拉伯克之光。不知道这些呈“V”字形的奇怪光点，到底是出自一个发光物还是多个发光物

华盛顿空袭事件

美国总统亲自下令迎击

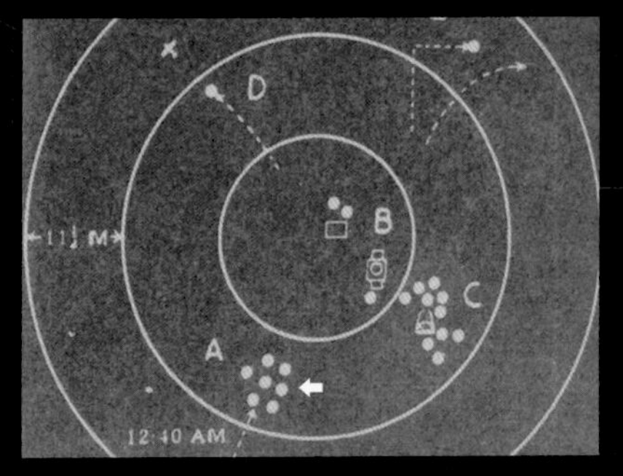

管制雷达捕捉到7架UFO（白色箭头所指处）的踪迹

这起异常事件发生于1952年7月19日中午12点40分。当时，美国华盛顿国际机场管制中心的雷达发现了7个不明光点。虽然这些光点随后就消失了，但不久又再次出现在雷达画面上。

冲击度 ★★★★★ 【发现地点】美国 【目击年份】1952年

翌日凌晨3点，美国空军派遣两架战斗机升空迎击，光点却忽然消失了。不过，7月26日，这些光点再度出现于华盛顿上空。白宫的工作人员感觉受到了威胁，便针对这起事件召开对策会议。当时的美国总统是杜鲁门，他亲自打电话询问物理学家阿尔伯特·爱因斯坦的意见。第二天凌晨2点40分，美国空军收到总统的命令，出动战斗机迎击不明飞行物。这些不明飞行物在战斗机出击后，便立刻消失得无影无踪。

这起UFO事件就这样落幕了，政府宣称只是自然现象导致的乌龙事件。然而，很多人都不相信政府的说辞。

亚当斯基型UFO

被接触者的经历分享

被接触者乔治·亚当斯基

乔治·亚当斯基仿佛被某种不明物体引导，来到了美国加利福尼亚州的莫哈维沙漠。

1952年11月20日午后，他被一个巨大的UFO吸引了。UFO着陆后，一个俊美的男性外星人从里面走了出来。这个外星人的身高约为160厘米，乍看之下，与一般人类无异，却无法以人类的语言沟通。接着，他们开始用心电感应对话。

在交流过程中，亚当斯基得知这个外星人来自

冲击度★★★★★ 【发现地点】美国 【目击年份】1952年

金星，来地球是为了调查地球核爆炸的危险性。外星人甚至告诉了亚当斯基UFO的飞行原理。亚当斯基给该外星人取了“欧森”这个名字。后来，亚当斯基与欧森的同伴们见面，并接受它们的邀请，搭乘UFO前往太空旅行。

亚当斯基拍摄到的雪茄形母舰，据说周围的发光物是小型侦察机

1954年8月，亚当斯基在太空旅行时，从UFO内看到布满陨石坑的月球表面，也看到

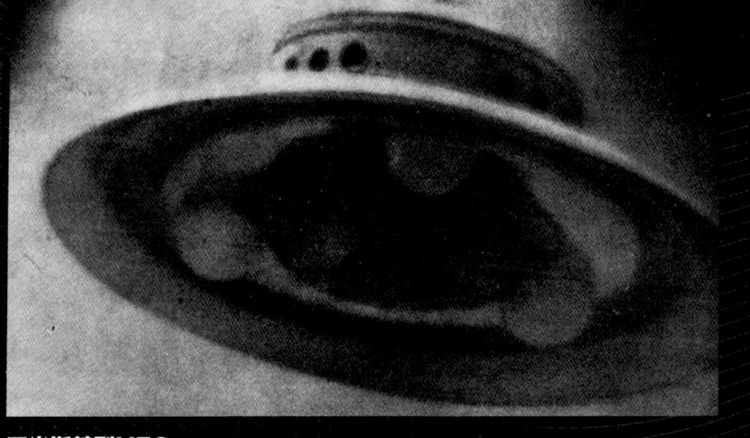

亚当斯基型UFO

1952年12月13日，亚当斯基于美国加利福尼亚州拍摄到的UFO。顶部呈圆顶状、侧面有窗户、底部呈裙摆状且有圆形突起物是亚当斯基型UFO的特征

欧森的母星金星上圆顶形房屋等建筑物林立的景象。

这种被外星人以友好的态度对待的人，一般被称为“被接触者”。亚当斯基拍到的上半部分呈圆顶状的UFO，由于造型独特，也被称为“亚当斯基型UFO”，后来也有很多人目击并拍到这种造型的UFO。也可以说，20世纪时，世界各地都出现过这种UFO。1965年4月，74岁的亚当斯基去世了。他声称一生中和外星人见了25次。

虽然很多人认为他说的话很荒唐，但也有许多人对此深信不疑。

在空中急转弯的UFO

人造飞行器无法达到的技术

1956年3月5日晚上8点45分过后，有3架发出奇怪光芒的UFO于美国夏威夷州被当地人目击。这3架UFO组成了一个飞行编队，在空中进行了大约130度的急转弯。

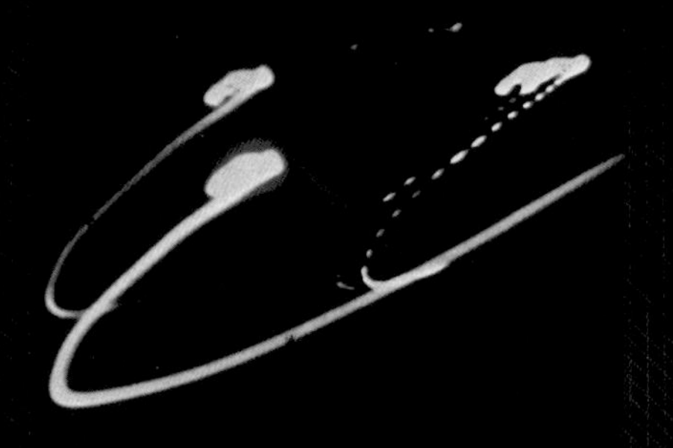

▲ 以人类目前的科技水平而言，无法制造出能够以不可思议的角度急转弯的飞行器

冲击度 ★★★★☆ 【发现地点】美国 【目击年份】1956年

以当时人类的科技水平来看，没有一架飞行器能实现这样的急转弯。威廉·瓦纳和妻子开车出门时，正好拍到了这个令人震撼的画面。后来，瓦纳公开了他目击的情况。

他说："UFO在天空中看起来大约有硬币大小。那3架UFO组成了一个编队，在约60米高的地方飞行。我和妻子十分惊讶，所以盯着天空看了大约1分钟。"

瓦纳还说，因为附近有机场，当时他很担心那3架UFO会引发飞机起降事故。

巴布亚新几内亚的UFO

充满善意的外星人

于巴布亚新几内亚出没的UFO重现示意图

巴布亚新几内亚的古迪纳夫岛有一座名为波伊亚奈的村庄，1957年6月27日傍晚，这里发生了一起UFO事件。

刚开始，有村民目击了1架大型UFO在空中飞行，于是他们立刻前往教堂，通知英国传教士威廉·基尔。

冲击度 ★★★★★ 【发现地点】巴布亚新几内亚 【目击年份】1957年

基尔急忙赶到现场，他确实看到1架圆盘形的大型UFO和3架会发光的小型UFO正在空中飞行，大型UFO上还能看见人影。更令人惊讶的是，基尔对着UFO挥手时，UFO上的人也跟着挥手回应。

后来，那架大型UFO发出蓝光，和3架小型UFO一起消失了。之后获得证实，从6天前开始，波伊亚奈村已数次传出UFO出没的消息。特别是6月27日那天，包括基尔在内的目击者共有38个。关于这起事件，最大的特征就是外星人的态度很友好。不过，这架UFO的真面目和真实目的，始终让人摸不着头脑。

特兰卡斯县事件

居民遭到2架UFO攻击

▲UFO的再现示意图。上图是连接UFO两边的管道，人可以在中间移动。下图是UFO的详细外观

1963年10月21日晚上9点半，阿根廷图库曼省特兰卡斯县的铁路附近出现了2架发光飞行物。

冲击度 ★★★★☆　【发现地点】阿根廷　【目击年份】1963年

住在附近的莫雷诺家的三个女儿觉得很好奇，便走近看，发现其中一个发光物通过一根长长的发光管道连接着另一个物体。她们看见40多个人正通过管道移动到另一个直径有10米左右的发光物中。那个发光物飘在空中，发出绿色的光芒。该发光物有6扇窗户，金属制外壳的表面有类似铆钉的突起物。UFO的窗户里亮起灯光后，UFO突然对着地面上的女孩们喷出火焰，她们吓得立刻逃回了家。

她们到家后，往铁路的方向望去，看到飞行物变成了6架，都对着她们家的房子发射光线，室温因此上升到40摄氏度。过了30分钟，这6架飞行物又变为一架，径直往东飞走了。

1964年4月24日傍晚，美国新墨西哥州索科罗县的警察朗尼·扎莫拉目击了一架着陆的UFO。

当时，扎莫拉正在追赶超速的汽车。途中，他听到远处传来轰然巨响，还能看到漫天火光。

▲扎莫拉目击的外星人和UFO的重现示意图

于是，扎莫拉放弃追查超速的汽车，急忙赶到发出巨响的地方。他看到一架外表发出铝制品光泽的神秘物体，旁边还有两个白色人影。

冲击度 ★★★★★ 【发现地点】美国 【目击年份】1964年

那时，扎莫拉以为发生了车祸。他正打算靠近时，那个神秘物体突然发出巨响，底部还喷出了火焰。扎莫拉说："那个物体浮在离我4～5米的空中，然后用很快的速度上升。那个物体的侧面有一个很大的红色标记。"

后来，相关人员到该处进行调查时，发现现场只留下圆形的烧焦痕迹和与人类相似的足迹。这一切并非自然现象，确实是某种不明物体着陆留下的痕迹。

负责现场调查的美国空军UFO调查单位将此事

特林达迪岛事件

专业摄影师拍到的UFO

1958 年 1 月 16 日，位于南大西洋中部的巴西特林达迪岛曾发生一起UFO事件。

那天，巴西海军所属的科学观测船萨尔达尼亚号停靠于特林达迪岛岸边，船上有一位水下摄影师阿尔米洛·帕洛尼亚，当时正在拍摄船员们在甲板上工作的样子。中午 12 点 15 分，船员们突然手指空中，放声大喊："你们快看！那到底是什么东西啊？"

帕洛尼亚抬头一看，发现一架外形奇特的UFO正在飞行。他随即拿起相机，以 14 秒为间隔，连拍了 6 张照片，其中有 4 张拍到了UFO。

从照片看，该UFO是椭圆形的，四周围着草帽

冲击度 ★★★★☆ 【发现地点】**巴西** 【目击年份】1958 年

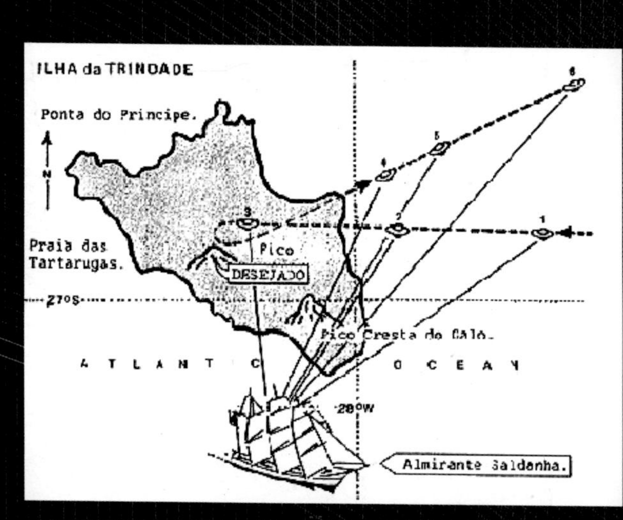

根据当时所有的目击报告画出的UFO飞行路线图

土星形UFO

帕洛尼亚于巴西的特林达迪岛目击UFO时拍摄的照片

边般的结构。换言之，这是一架“土星形UFO”。

乍看之下，或许很多人觉得这些UFO照片是假的，然而，这些照片出自专业摄影师之手，因此有较高的可信度。

实际上，后来经过仔细检验，不论是质量或可信度，这些照片都得到了很高的评价。这些照片还经过巴西海军的检验，得到了官方认证。换句话说，照片中的物体被巴西军方认证为UFO。帕洛尼亚当时拍摄的照片现在依然是全世界有名的

塔尔萨的缤纷UFO

会变换三色光芒的飞行物

色彩缤纷的UFO

▲艾伦·史密斯拍到的飞行物放大的照片，详细的形状难以辨识

冲击度 ★★★★★ 【发现地点】美国 【目击年份】1965 年

艾伦·史密斯住在美国俄克拉何马州的塔尔萨市。他 14 岁时拍到了UFO的照片，拍摄时间为 1965 年 8 月 3 日凌晨 1 点 45 分。

艾伦在自家庭院中目击的UFO外观色彩缤纷，会发出白色、红色、青绿色的光芒。不仅艾伦本人看到了这架UFO，他的三个家人也看到了。

经过美国空军相关部门的分析，艾伦拍摄的照片被纳入UFO研究计划，让他摆脱了造假的嫌疑。当时出现的物体也被正式认定为直径约 10 米的UFO。

1977 年，科学家和律师组成的民间UFO研究团体也对这起UFO事件进行调查，从计算机分析该照片的结果得知，该物体的确很有可能是UFO。

在协和式飞机上拍到的UFO

观测日全食时发现的神秘UFO

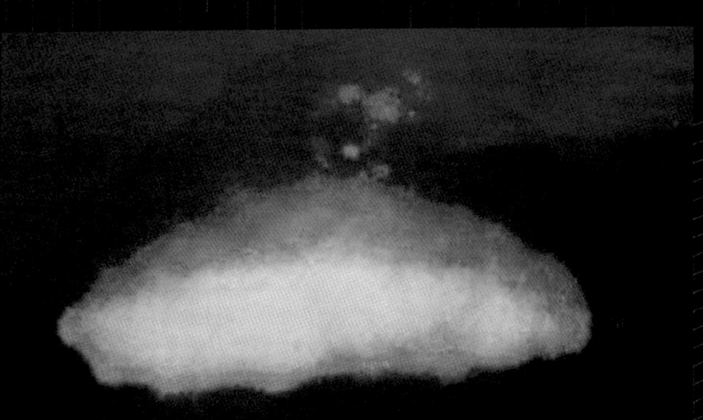

在协和式飞机上拍到的UFO

▲ 于17000米高空拍摄到的画面。画面上有一个发出橙色光芒的圆盘形物体

冲击度 ★★★★★ 【发现地点】**乍得共和国** 【目击年份】1973年

1973年6月30日，由于出现日全食现象，科学家们搭乘协和式超音速飞机观测日全食。当时他们在17000米的高空中，途经非洲的乍得共和国，偶然拍到了奇怪的发光物。虽然看起来像光反射至云上造成的视觉误差，但按理说，当时飞机所在的高度几乎没有云朵，而且该物体的外观也不像陨石或闪电。

1974年1月31日，法国国家科学研究中心经过半年的调查，认定该物体是一架直径超过200米的UFO。后来，法国的电视台播出了此UFO事件的相关报道，造成了极大的影响。

吸收云朵的UFO

像水母的不明飞行物

维堡的圆盘形UFO

▲ 根据目击情报，照片中的圆盘形UFO正在吸收云朵

冲击度 ★★★★★ 【发现地点】丹麦 【目击年份】1974 年

1974 年 11 月 17 日，有人在丹麦日德兰半岛的城市维堡拍到了像水母的不明飞行物。拍摄该照片的目击者名为劳尔森，当时他正带着爱犬散步，偶然拍到了UFO。劳尔森表示，该UFO的直径大约为 20 米，它被云朵包围了。后来，该UFO开始从底部吸收云朵，并且不断攀升，直至消失。这难道是展现神秘飞行科技的关键时刻吗？从劳尔森拍到的照片来看，该UFO当时仿佛在吸收云朵。

丹麦的UFO研究者汉斯·彼得森表示，可以根据照片推测出UFO当时离地面约 100 米。另一位UFO研究者寇尔曼·凯宾斯基认为，此照片可以证明UFO能利用水蒸气隐匿身影。

凯库拉的UFO

塔台雷达捕捉到的神秘物体

1978年12月30日，澳大利亚的电视台记者昆汀·福格蒂与工作人员一同搭乘货机，在新西兰的凯库拉半岛上空拍到了UFO徘徊的照片。照片中的货机旁有一个巨大的物体，正闪烁着白色和橙色的强光。

△影像中记录的神秘发光体

福格蒂通过塔台确认该物体距离他们搭乘的货机约20千米，正和货机并排飞行。接着，货机飞回新西兰的基督城机场，停留了2小时。当货机再度起飞时，那个神秘的物体又悄悄地出现在货机附近，就像刻意表示自己要跟随货机一样。

冲击度★★★★★ 【发现地点】新西兰 【目击年份】1978年

福格蒂后来公开了自己拍摄的影像，变成了轰动世界的大新闻，但该物体的真面目依然是个谜。

介良事件

捕获的UFO居然会逃跑

1972年8月25日，日本高知县发生了一起初中生捕获小型UFO的神秘事件。当天下午3点过后，高知市介良地区的初二学生A发现田间有个奇怪的物体正在飞行。他立刻回去通知朋友B，打算一起过去看看。B带着自己的哥哥和另一个友人一同前往现场，准备去看那个奇怪的物体。

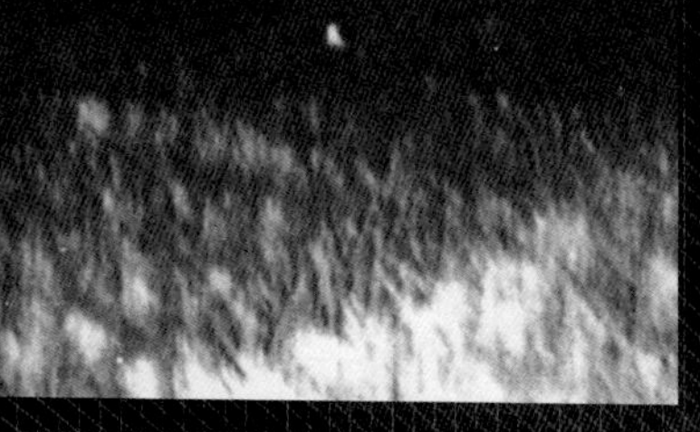

小型帽子状UFO

▲ 在傍晚的田间出没的小型UFO的照片，这是该UFO唯一的照片

冲击度 ★★★★★ 【发现地点】日本 【目击年份】1972年

晚上8点过后，他们来到田间，发现该物体仍在田间飘浮着。过了一阵子，那个物体终于着陆了。A见状，便趁机伸手抓住。那一瞬间，该物体突然发出了蓝白色的光芒。

▲ 少年们用手指着发现神秘物体的地点

被吓到的四人落荒而逃。30分钟后，他们又回到现场，却发现该物体已经不知去向。后来，他们每晚都来田间寻找那个物体。直到9月6日，他们终于看到一架有环形帽檐结构的UFO掉在田里。

起初，他们丢石头试探，确认UFO没有任何反应，A便将它带回家中。那架UFO就像一个倒置的烟灰缸，经过测量，重量为1.3千克，高度为7厘米，环形帽檐结构的直径为18.2厘米。整体的颜色是较暗淡的银色，底部有很像千鸟纹及波浪纹的浮雕。另外，摇晃UFO能听到里面有某种东西的碰撞声。

隔天早上，这架UFO突然消失了。最不可思议的是，他们再去田间查看时，发现UFO仍旧在田里。A猜测这架UFO拥有隔天回到原处的能力，每将其带回家一次，就用记号笔在上面画一个记号。每次再度捕获这架UFO，都能看到前一天画的记号留在上面。

A捕获的UFO的重现模型，底部刻着记号

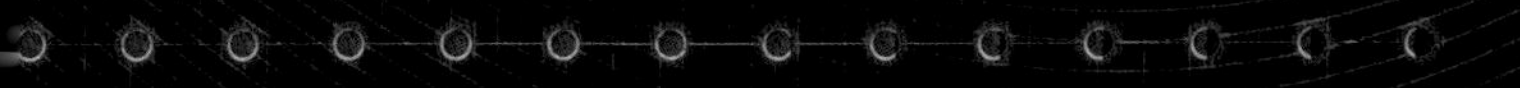

9月22日晚上，他们照样将UFO包裹在袋子中，用自行车运回家。然而，途中自行车就像被外力牵制般难以动弹，而且袋子突然从车上掉了下去。他们将袋子打开一看，发现里面的UFO已经凭空消失。

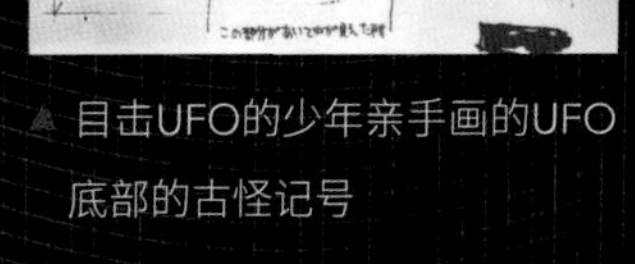

目击UFO的少年亲手画的UFO底部的古怪记号

从那天开始，那架小型UFO再也没有出现在他们面前。

甲府事件

小学生遇到外星人和UFO

在日本的UFO目击事件中，还有一个非常有名的事件——1975 年 2 月 23 日于山梨县甲府市发生的UFO着陆事件。

目击者是小学二年级的学生C和D。晚上 6 点，他们在空地上玩耍，忽然发现东边有一架发出橙色光芒的UFO从天而降，而且正往他们的方向飞来。

当他们愣在原地盯着看时，那架UFO停在了他们头上。该UFO呈圆形，底部有 3 个正在旋转的装置。他们被吓到了，马上跑到附近躲了起来。他们屏息等待着，看到UFO往葡萄田的方向飞去。

他们在回家途中经过葡萄田时，看到那架发出橙色光芒的UFO居然着陆了！据他们描述，该UFO

冲击度 ★★★★★ 【发现地点】日本 【目击年份】1975 年

的直径约为 2.5 米，高约为 1.5 米，上面还有几扇四边形的窗户。

更令他们吃惊的是，UFO的舱门突然打开了，

正在说明UFO如何在葡萄田着陆的C和D

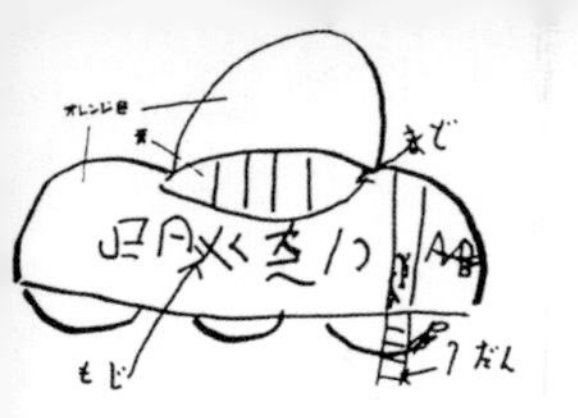

两名小学生凭自己的印象画出的外星人和UFO，UFO侧面画着无法解读的奇怪记号

从里面走出了身高约为 130 厘米的矮小外星人。外星人的脸上有褐色的横向条纹，嘴里长着三颗银色的獠牙，耳朵偏长，肩膀上还挂着很像枪支的物品。就在此时，一个外星人将手放在D的肩上。D本来以为是C，于是转头准备回话，却听到外星人用录音带般的声音不断嘀咕着“啾噜啾噜啾噜”。两人对眼前的景象感到恐惧，吓得拼命跑回了家。

后来，有人发现那片葡萄田边的水泥柱子莫名其妙地被折断了，地上出现了一个窟窿。此外，UFO着陆地的土壤中被测出含有放射性物质。换言之，这一切绝非自然现象。

芬兰的迷你UFO

对人类发射光线的UFO

吊钟形的迷你UFO

▲ 尼坎恩拍摄到的不明飞行物

1979年，芬兰的苏奥嫩约基时常传出UFO出没的消息。该年3月10日，发生了一起奇怪的事件。

当天傍晚，一位名叫加尔莫·尼坎恩的青年在家附近散步，忽然发现森林里出现了神秘的光芒。入夜后，一架直径大约为50厘米的吊钟形迷你UFO出现在尼坎恩家附近。这架UFO的上半部分发蓝光，下半

冲击度 ★★★★★ 【发现地点】**芬兰** 【目击年份】**1979年**

部分发红光。

尼坎恩赶紧拿起相机，想拍下关键性的一刻，可是闪光灯没有反应，相机突然失灵了。他用手电筒照UFO，它似乎察觉到有人发现了它的踪迹，开始不断攀升，直至消失。

由于尼坎恩当时对UFO很感兴趣，于是不断在附近调查UFO出没的地点。过了6天，他终于再次发现了那架吊钟形的迷你UFO。这一次，UFO发出“噗噗”声，向尼坎恩发射刺眼的光线，并趁机逃跑。尼坎恩在视线模糊的状态下勉强追上了UFO，终于在森林里成功拍到了UFO的照片。

被UFO袭击

政府与军方遭遇求偿官司

曾经有一起美国公民因为被UFO袭击而要求美国政府和军方赔偿的官司。提出诉讼的美国公民是贝蒂·卡什、薇琪·兰德勒姆以及她的孙子科尔比。

贝蒂·卡什遭到菱形UFO袭击的再现示意图

1980年12月29日晚上9点，三人开车行驶在美国得克萨斯州的一条公路上，突然，一架菱形的发光UFO袭击了他们。由于他们当时暴露在UFO的辐射下，留下了后遗症。

冲击度 ★★★★★ 【发现地点】美国 【目击年份】1980年

由于那架UFO当时被20多架CH-47直升机包围，并且被引导至美国国家航空航天局（NASA）的约翰逊航空中心，因此他们认为那架UFO是军方的秘密武器，便将美国政府与军方告上了法庭。不过，判决结果是三人全面败诉。

由左至右为薇琪·兰德勒姆和她的孙子科尔比，以及贝蒂·卡什

赫斯达伦之光

可以自由变形的发光物

赫斯达伦之光

于1982年的观测中拍摄到的神秘光团。此光团曾变换成各种形状。虽然这可能和外星人没有关系，但也属于不明飞行物

自1981年以来，挪威中部的赫斯达伦山谷常常出现神秘的奇怪光团，被称为“赫斯达伦之光”。奇怪的光团会突然出现，并且在空中停留1小时以上。在停留期间，光团还会分裂，或者自由自在地改变形状。

冲击度 ★★★★★ 【发现地点】挪威 【目击年份】1981年

1982年2月，北欧UFO研究团体通过观测发现，光团会产生红色的光线，还会上下移动、紧急转弯、紧急停止。光团的行为就像它是拥有智慧的生命体一样。自1984年开始，有心人士组成了“赫斯达伦计划”团队，专门以科学的方法调查赫斯达伦之光。

结果，他们发现神秘光团不管如何变形，其高达6500摄氏度的温度一直保持不变，还发现其中95%的成分不是气体和固体，而是一种等离子状的物体。但是，地球上的等离子不可能有这么高的温度，光团仍是无法解读的异常现象。

全日空飞机三泽事件

机场雷达探测不到的飞行物

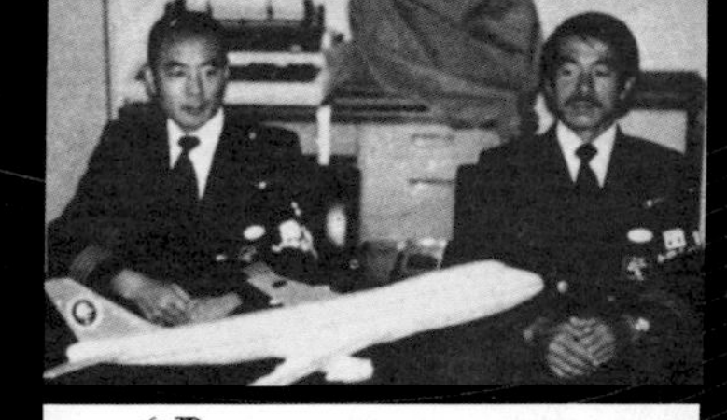

▲ 上图为目击UFO的机长和副机长，下图为目击者绘制的重现示意图

1982年10月28日上午8点40分，全日空771航班从日本大阪国际机场起飞，准备飞往北海道的新千岁机场。上午10点05分，该航班行至青森县三泽市上空，即将接近下北半岛时，北野泰次机长、安高直树副机长、吉川昭彦航空机械师发现飞机前方出现疑似飞行器的物体。该飞行物是淡褐色的，形状就

冲击度 ★★★★★ 【发现地点】日本 【目击年份】1982年

像雪茄，后部被一层雾霭包围着。说是飞机，体积过于庞大；说是云，轮廓又过于清晰。但无论那个飞行物的真面目是什么，置之不理的话，很有可能会造成空难。机长立刻联络札幌航空管制中心，得到的答复却是航线上没有其他飞行物，因为机场的雷达没有探测到任何在空中逗留的物体。

后来，771航班准备从9500米的高度下降时，那个飞行物终于消失了。

副机长说："由于最后看到那个飞行物时，它正位于本机前方的上空，所以我们当时应该是从那个飞行物的正下方穿过。"

『开洋丸』号目击UFO事件

观测专家看到的UFO

1986年12月21日下午3点，日本农林水产省所属的调查船“开洋丸”号正航行于北太平洋，突然发现雷达上出现了一个巨大的椭圆形光点。

船员发现，那个光点其实是一架巨大的UFO，不但能大幅度转弯，甚至能直角转弯。

晚上11点40分，突然出现了令船员们胆战心惊的恐怖现象——雷达显示“开洋丸”号和UFO重叠在一起。一位船员大喊：“它要来了！我们要撞上了！”

遇到UFO的“开洋丸”号

但在那之后，雷达上UFO的影像消失了，众人只听到狂风的呼啸声。此时UFO正掠过“开洋丸”号上方，并且往船头移动。接着，UFO突然发出强光，消失了。

冲击度 ★★★★★ 【发现地点】**北太平洋** 【目击年份】1986年

“开洋丸”号本身是用于科学调查的船，船员中有许多人相当了解自然现象的原理。但对于雷达的异状，他们只能用目击不明飞行物进行解释。

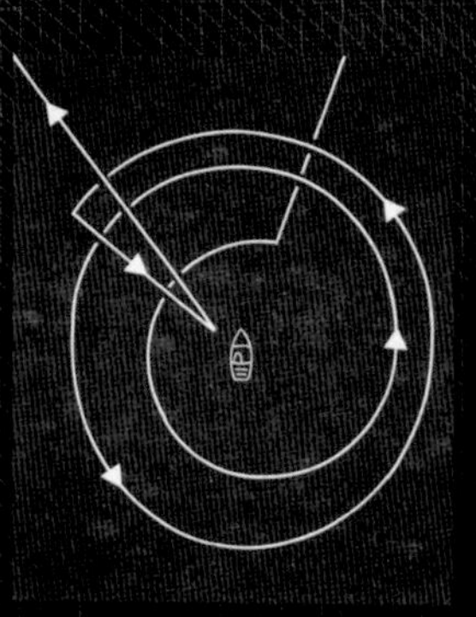
UFO在开“开洋丸”号周边飞行的图示

日航飞机手阿拉斯加目击UFO

被巨大的光团跟踪

1986年11月17日，从法国巴黎飞往日本东京的日本航空1628特别货机，要在美国阿拉斯加的泰德·史蒂文斯安克雷奇国际机场中转。在该机场东北方向770千米处，发生了一起神秘的事件。

当时，货机左前方3.6～5.4千米处出现了两个光团，正用和飞机相同的速度飞行。机长寺内谦寿说："那两个光团仿佛在故意模仿我们的行动。它们用一样的速度并排飞行了约7分钟。接着，它们突然瞬移到货机前方的150～300米处。"

那两个光团消失没多久，货机左前方突然出现了一架圆盘形的不明飞行物。这架不明飞行物发出蓝光，呈球状，直径70多米，体积是货机的数十倍。这架不明飞行物和货机擦身而过时，突然消失了。

冲击度 ★★★★★ 【发现地点】**阿拉斯加** 【目击年份】1986年

UFO专家们认为此事件中的不明飞行物不是UFO，而是机长将火星或木星误认为不明飞行物。不过，直到现在，真相依然是个谜。

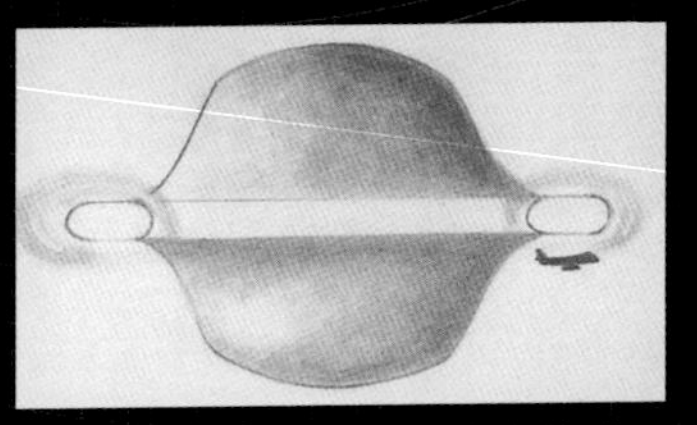

根据证词绘制的巨大发光体重现图，右下角的黑影是日航飞机

陈述该事件的寺内机长

凤凰城之光

夜空中出现巨大的UFO

1997年3月13日晚上7点30分，美国亚利桑那州凤凰城东部某座山的上空，出现了一列奇怪的发光物。那些发光物一开始只有6架，不久后增加到9架。

有种说法表示，那些发光物组成"V"字形队列，往凤凰城东南方移动。到了晚上10点，那些发光物出现在凤凰城南部的希拉河上空，当时有数千个居民目击了UFO出没的景象。

研究人员汇集所有的目击情报，发现了一件惊人的事实——发光物队列的长度为1.6千米。此外，一个目击者指出，那些发光物并不是个体，而是一架巨大的深灰色"V"字形UFO底部的灯光。如果

冲击度★★★★☆ 【发现地点】美国 【目击年份】1997年

2005年的凤凰城之光

2007年2月6日的凤凰城之光

凤凰城的古怪光团

▲1997 年，于美国亚利桑那州凤凰城目击的发光物

这句证词是真的，就表示这个发光物是母舰级的巨型UFO。

另外，虽然无法证实其关联，但 2007 年 2 月 6 日晚上，凤凰城也出现了一系列并排飞行的圆形发光体。

当时电视台收到了市民的目击报告，派遣直升机进行实况转播，但并没有弄清那群发光物究竟是什么。后来，美国空军指出，1997 年和 2007 年的凤凰城之光，其实是飞行训练中使用的照明弹。但是，不少民众对此持怀疑态度，因为凤凰城之光明显比照明弹更持久。

更何况，数千名目击者亲眼看到一个物体在夜空中悄然移动。说不定美国空军基于某种理由，不得不隐瞒UFO存在的事实。

赫夫林的UFO照片疑云

疑似伪造的UFO照片

▲赫夫林在车上拍到的UFO照片

1965年8月3日，美国加利福尼亚州奥兰治县的交通调查员雷克斯·赫夫林和往常一样，在高速公路上开着警车巡逻。他经过圣安娜市附近时，发现空中出现了一个出人意料的东西。他仔细一看，居然是一个正在低空飞行的帽形物体。

赫夫林立刻拿起工作用的拍立得相机拍摄了4张照片。赫夫林说，UFO底部还射出了漩涡状的光

冲击度 ★★★★★ 【发现地点】**美国** 【目击年份】1965 **年**

线，之后便急速攀升，直至消失。

照片刚公开时，立刻引发了人们对其是否为假照片的激烈争论。最令人质疑的问题是为何照片都是在车内拍摄的。

若在空中飞行的是UFO，为什么赫夫林不下车仔细观察，并好好地拍摄呢？经过计算机分析，发现那些照片中UFO的轮廓线刻意加强了，而且中央有疑似钢丝的东西。如果分析结果没有错，那么赫夫林的照片或许就是伪造的。

神秘物体飞向爆发的火山

外星人的秘密基地

飞向爆发的火山的神秘发光物

一个巨大的发光物居然以急转弯的方式飞入了火山爆发的浓烟中。这张令人震惊的照片是在2000年12月19日，由监控墨西哥波波卡特佩特火山的

冲击度 ★★★★★ 【发现地点】墨西哥 【目击年份】2000年

实时摄影机拍下的。由于该发光物能在飞行时急转弯，可以判断其绝非一般的陨石。另外，根据摄影时间查询此处的飞行记录，可知该发光物不是飞机或直升机。

波波卡特佩特火山海拔为5393米，以前就经常有人在此地看到疑似UFO的物体，因此有些人推测，古代盛极一时的玛雅文明和阿兹特克文明或许跟外星人脱不了关系。还有人认为，也许此处的地底深处藏着UFO的秘密基地，所以UFO才会屡次在这里出没。

迪拜的UFO

计算机屏幕出现闪烁的符号

2004年1月11日晚上9点40分，住在迪拜的穆罕默德·阿瓦马于家中阳台目击发出明亮光芒的UFO，并拍了下来。这架UFO是圆盘形的，侧面有间距相等的发光结构。

▲2004年1月11日，经过迪拜德拉区的UFO（箭头所指处）

几天后，阿瓦马将拍到的照片提供给《海湾时报》，随后又有新的UFO相关事件传出。

1月13日晚上10点45分，UFO突然出现在迪拜的古赖尔购物中心上空，而且购物中心警卫室的计算机屏幕上还出现了许多闪烁的神秘符号。那些神秘的符号难道是外星人传递给地球人的讯息吗？不管真相为何，从这个事件发生以来，迪拜的UFO事件开始大幅增多。

冲击度 ★★★★★　【发现地点】**迪拜**　【目击年份】**2004年**

◀警卫室计算机屏幕上的神秘符号

墨西哥的球形UFO群

数百架小型UFO覆盖天空

2004年6月10日中午12点30分，墨西哥哈利斯科州的首府瓜达拉哈拉出现了数百架白色的球形UFO。根据拍摄UFO照片的目击者米格尔·阿吉拉的证词，除了那些小型UFO，当时还有一架巨大的UFO仿佛在操控它们。

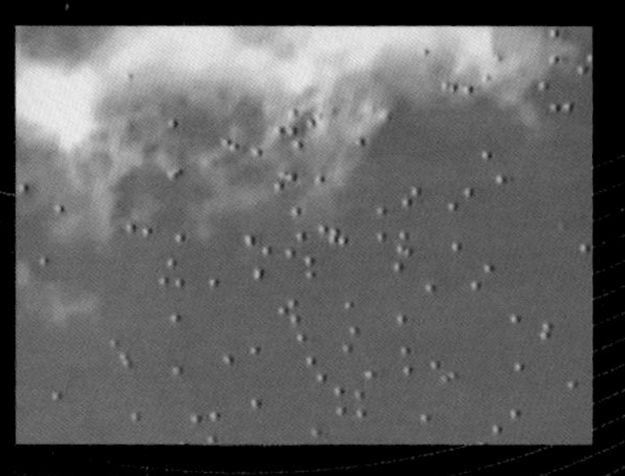

球形UFO群

▲ 米格尔·阿吉拉拍摄的UFO群。当时，这群UFO正缓缓地在天上飞

在拍到UFO的米格尔·多明格斯提供的影像中，能看到时而发光、时而消失的移动UFO群。由于多数目击者的证词内容一致，而且当时天空中出现的确实是UFO群，所以并没有造假的嫌疑。也许那架大型UFO是母舰，小型UFO是侦察机。

冲击度 ★★★★★ 【发现地点】墨西哥 【目击年份】2004年

此外，将影像放大后，发现那些小型UFO的表面还有可以反射光源的金属结构。而且放大后看，它们的形状更接近圆盘。看了影像资料的瓜达拉哈拉天文及气象研究所的科学家表示："这绝非气球等物体，确实是某种UFO。"

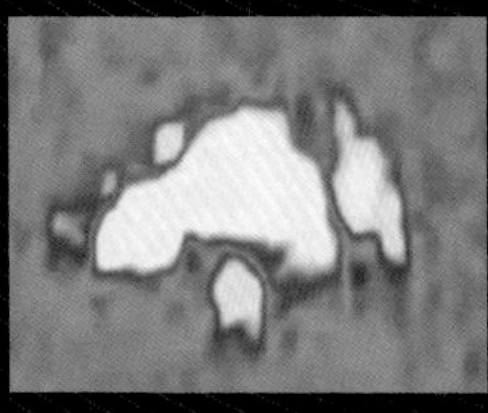

▲ 放大的小型UFO影像

『火球战斗机』

二战时期飞行员们目击的UFO

第二次世界大战末期，美国、德国的战斗机飞行员曾相继透露奇妙的飞行经历。据说他们在空中作战时，曾遇到直径约1米，发出红色、黄色、白色光芒的火球。

二战时拍到的不明飞行物——“火球战斗机”

冲击度 ★★★★★ 【发现地点】**世界各地** 【目击年份】**1944年**

火球通常有很多个，常在战斗机四周急速升降、靠近，但并没有攻击意图。它们奇怪的行为就像在观察战斗机。

根据相关记录，最初的目击事件发生在1944年，地点为德国曼海姆上空。

该年11月6日下午5点，美国陆军航空队的爱德华·舒勒特上尉驾驶战斗机自法国起飞，行经德国曼海姆上空时，忽然看见有个火球正在靠近。

舒勒特上尉说：“那个火球正在靠近，在约600米的地方突然发出红色的闪光，接着就消失了。”从那时开始，神秘的火球陆续出现在欧洲以外的地区。

当时，世界各国都怀疑那个奇怪的火球是敌方的秘密武器。美国空军将神秘的火球称为“火球战

跟在战斗机身边的火球战斗机的重现示意图

斗机”，并且认为是日军秘密研发的武器。但是，火球战斗机不仅出现于美军附近，也出现在日军附近。

二战后，相关人员对各项记录进行调查，确认各国战斗机中并不存在与“火球战斗机”吻合的机型。

有人认为，火球的成因其实是普通战斗机的机翼在炮火中出现了带电现象。战争结束后，各种不同的目击证词相继出现，但其真面目依然是个谜。

坠毁于凯克斯伯格镇的UFO

军队回收坠毁的UFO

1965 年 12 月 9 日，美国北部的密歇根州出现了一团由北向南飞行的神秘火球。当天下午 5 点左右，这个神秘火球突然从往南飞改为往东飞，最后坠毁于美国宾夕法尼亚州凯克斯伯格镇。

住在凯克斯伯格镇的几个居民亲眼看到该火球掉进当地的森林。警察局收到了许多目击报告，警察立刻赶往现场。不过，空军早一步到达现场，严禁警察走漏风声，甚至将通往坠毁地点的道路全部封锁起来。后来，空军回收了坠毁的物体，运到了俄亥俄州的空军基地。

坠毁在凯克斯伯格镇的物体究竟是什么？事实上，有人知道该物体的真面目，他们是最早到达现

冲击度 ★★★★★ 【发现地点】**美国** 【目击年份】1965 年

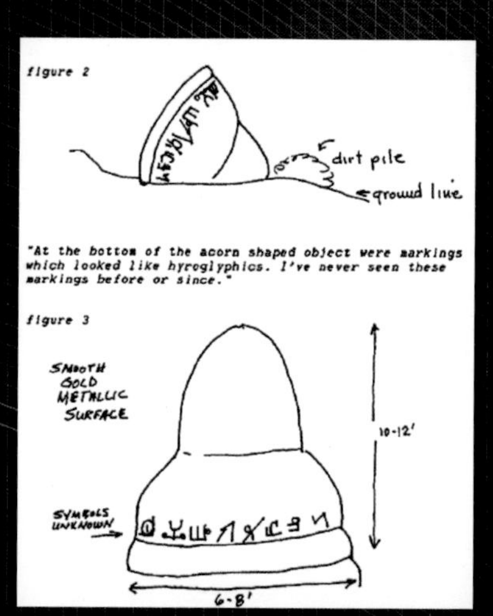

钟形UFO

根据目击者证词描绘的UFO示意图，表面刻着符号

场的当地消防员。

其中一名消防员吉姆·罗曼斯基说：“那个东西一半陷入土中，外形看起来很像橡子，直径为 3～4 米。”

但美国空军否认这个物体的存在，在事件发生后马上对外宣

称现场没有任何东西。美国国防部随后声明该物体是陨石，至于其他的相关情报，坚持不对外透露。

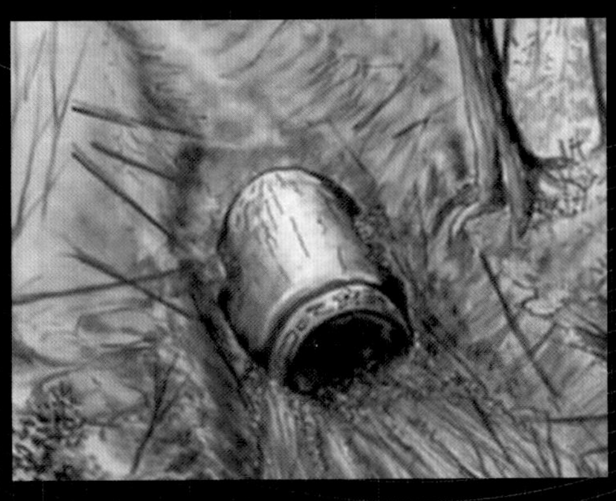
▲ 根据消防员的证词描绘的坠毁物示意图

2003 年，由于关于此事件的资料仍封存于美国国家航空航天局，美国新闻记者莱斯利·基恩请求重启调查，对美国国家航空航天局提起诉讼。如果该物体为陨石，美国国家航空航天局想必早已掌握许多资料。虽然美国国家航空航天局 2005 年声称当时那个火球其实是人造卫星，并承诺在 2007 年 10 月之前重启调查，但直到现在，他们依然没有公开调查结果。

▲ 凯克斯伯格镇的居民在UFO坠毁地点附近建造的UFO重现模型

坠毁于苏联的UFO

苏联国家安全局的机密资料

1968 年 11 月，苏联斯维尔德洛夫斯克州的贝瑞佐夫斯基森林附近发生了一起圆盘形UFO坠毁事件。

由照片可知，坠毁的UFO旁围着一群士兵，像是在进行现场调查。该UFO直径约为 5 米，外表没有遭到严重破坏，也没有爆炸的痕迹。四周的树被UFO撞倒了，一些疑似金属零件的物体散落一地。

该照片是苏联军方及苏联人民委员会国家政治保卫总局 1969 年 3 月 5 日回收UFO时的记录文件中附带的影像资料。1998 年 9 月 13 日，美国电视台公布了这些资料。

这些影像资料最大的问题在于真实性，看到的

冲击度 ★★★★★ 【发现地点】苏联 【目击年份】1968 年

影像究竟是真是假，人们议论纷纷。美国UFO研究专家亚历克斯·赫夫曼认为，该影像资料是真的。他的判断依据是影像中的士兵穿的正是当年苏联军人的制服。

认为该影像是假的人说，当地媒体没有发布关于UFO坠毁的报道，而且指出影像里出现了疑似美国制造的吉普车，他们怀疑这是美国电视台刻意伪造的。另外，美国电视台宣称当时在UFO内部发现了小型外星人的遗体，还播放了解剖尸体的录像。

可惜能提供证据的人都已经不在这个世上，想继续调查此事件难如登天。

坠毁于苏联的UFO

▲ 坠毁于苏联斯维尔德洛夫斯克的UFO，至今无法查证此照片的真实性

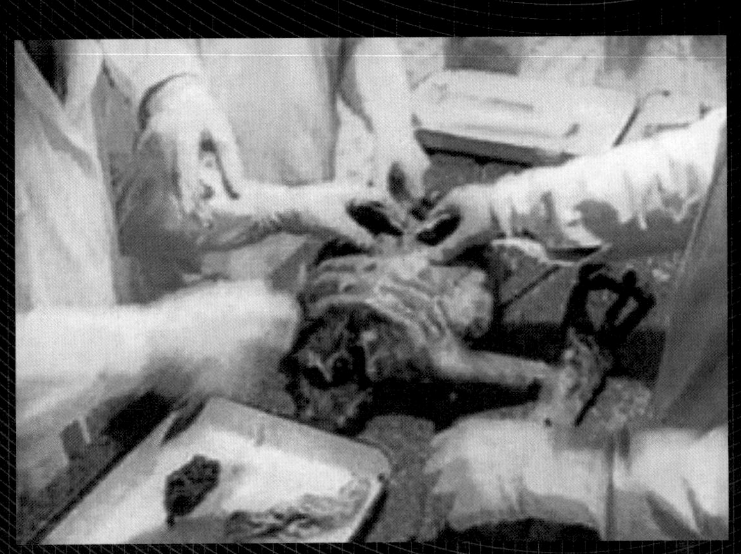

▲ 疑似乘坐该UFO的外星人的遗体。此图为解剖外星人的录像的画面

莫里岛事件

离奇现象接连发生

1947 年 6 月 21 日，美国华盛顿州莫里岛旁的海域发生了一起离奇的UFO事件。

那天，岛上的港口巡逻员哈洛德·达尔在巡逻船上执行勤务。当时船上还有两名船员、达尔的儿子查尔斯以及他们养的狗。巡逻时，他突然发现 6 架很像甜甜圈的UFO正在降落。

每架UFO的直径约为 30 米，中央有直径约为 7 米的洞。UFO表面闪着有金属质感的银色光泽，还有一排排窗户。这些UFO没有螺旋桨或喷射引擎，飞行时完全没有声音。此外，这些UFO中的一架被其他 5 架围住了，它们一边转弯，一边飞行。当时，位于中央的UFO可能出故障了，所以才会出现这种现象。

冲击度 ★★★★★ 【发现地点】美国 【目击年份】1947 年

接着，空中传出了低沉的冲击声，疑似出现故障的UFO开始不断地往下掉白色的金属碎片。那些金属碎片掉在巡逻船上，不但损坏了巡逻船，让查尔斯受伤了，甚

重现莫里岛海域的 6 架甜甜圈状UFO的插画

把他们的狗砸死了。那架UFO除了掉落金属碎片，还流出了岩浆般的黑色物质。黑色物质落入海面时，产生了不少水蒸气。

达尔等人立刻前往莫里岛的海岸避难。那6架UFO飞向云端，不知去向。

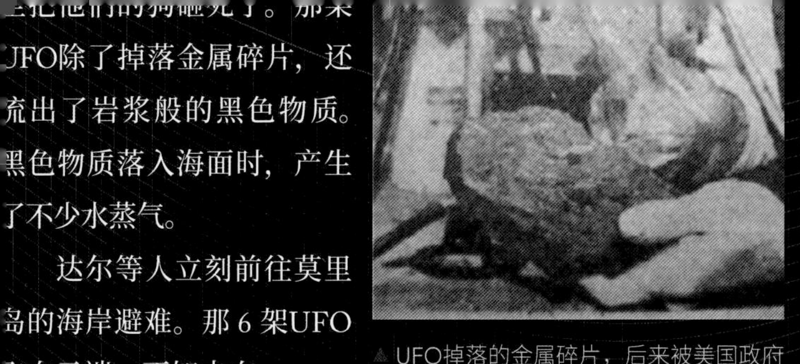

▲UFO掉落的金属碎片，后来被美国政府回收了

听说了这个事件，科幻杂志《惊奇故事》的主编雷蒙德·帕尔默委托对UFO颇有研究的肯尼斯·阿诺德前往该地采访。阿诺德到达莫里岛，在海岸捡到了掉落的金属碎片。他向美国空军请求协助。

可是，载着UFO碎片的B-25轰炸机因不明原因坠机，阿诺德乘坐的飞机也突然发生引擎故障……一连串离奇的意外接连发生，这件事也就不了了之。

后来，美国空军声称该事件是达尔等人捏造的谎言。此事件发生于全世界开始正视UFO存在的年代，不少研究者认为美国政府刻意隐瞒事件真相，企图独占关键信息。

俄罗斯的金字塔形UFO

出现在世界各地的神秘几何形UFO

金字塔形UFO

莫斯科夜空中的UFO

2009年12月9日深夜，俄罗斯莫斯科的克里姆林宫上空出现了一架黑色的金字塔形UFO。数日后，有人拍到该UFO再次出现在同一地点，后来，电视台公开播放了那段影片。

冲击度 ★★★★★ 【发现地点】**俄罗斯等地** 【目击年份】2009—2010 **年**

翌年2月28日上午8点40分过后，中国陕西省西安市上空出现了两架金字塔形UFO。这两架UFO一大一小，小型UFO在大型UFO周边旋转。接着，3月17日，金字塔形UFO又出现在中国上海。在那之后，美国、英国、哥伦比亚、西班牙等国也陆续传出了金字塔形UFO出没的目击报告。

事实上，早在1968年，拉脱维亚就有人拍到了金字塔形UFO。

虽然影像资料中的UFO都不太清晰，但内容都是UFO突然出现，悠闲地浮在半空中，直到被肉眼看不见的空间（异次元空间）吸入，然后消失。或许它们是从异次元空间飞到地球的新型UFO吧！

等离子体飞行生物

地球上最古老的生命体

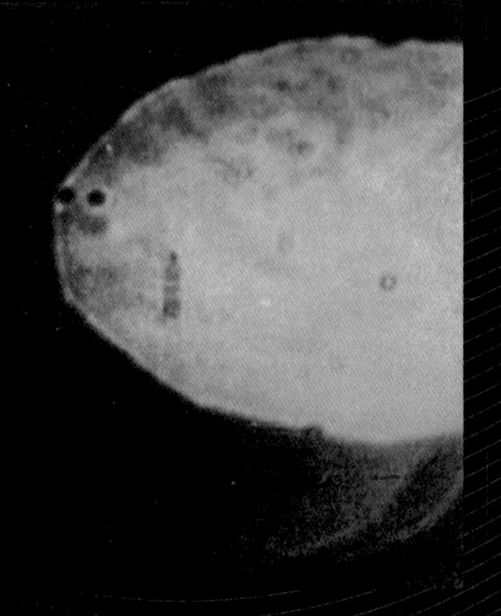

▲ 康斯特勃拍摄的飞行生物

冲击度 ★★★★★ 【发现地点】美国 【目击年份】1957年

1957年8月25日，特雷弗·康斯特勃在美国加利福尼亚州莫哈维沙漠调查UFO现象时，发现天空中有一个发光飞行物。他忘我地按下快门，注意到那个飞行物的外观有些独特。

那个物体是半透明的，行进的动作就像打滚一般，并且不断地伸缩着，似乎是一种生物。康斯特勃认为这种飞行生物栖息于大气层上方，下降到较低的高度时才会现出踪迹。另外，这种飞行生物并非固体或气体，而是等离子体，通常无法用肉眼发现，不过雷达能够探测到。

除此之外，后来的目击报告显示，这种飞行生物不仅会在较低的空中活动，似乎还会入侵民宅。康斯特勃表示，或许这种飞行生物才是地球上最古老的生命体。

在麦克明维尔拍到的UFO

拍摄时间引发争论的照片

▲ 特伦特拍到的UFO蒙上了一层黑影

1950 年 5 月 11 日晚上 7 点 45 分左右，住在美国俄勒冈州麦克明维尔附近的农场主保罗·特伦特拍到了UFO。当时，他发现天上有一架发光的银色

冲击度 ★★★★★ 【发现地点】美国 【目击年份】1950 年

UFO不断地接近，便拿起相机拍了下来。由于他站在逆光的地方，只能通过照片确认UFO的轮廓。

这张照片刊登在当地报纸上后，立刻引起了诸多争论。科罗拉多大学的UFO调查团队表示，UFO离地面约有 1.3 千米，照片应该没有造假的嫌疑。但是影像分析专家认为，照片的拍摄时间是早上，并且照片中的UFO看起来像是用一条丝线绑在电缆上的。

1970 年，相关机构再次对该照片进行检验，发现照片中的UFO距地面 1 千米以上，直径超过 30 米。某民间UFO调查机构用计算机对该照片进行分析，虽然没有发现丝线，但确定该照片的拍摄时间为早上。除了摄影时间和特伦特的证词不符，大多数证据均可证明照片没有造假。

巨大的陀螺状UFO

被接触者拍摄的旋转UFO

▲弗莱 1965 年 5 月拍摄的UFO

冲击度 ★★★★★ 【发现地点】美国 【目击年份】1964 年

1964 年 4 月 5 日，美国加利福尼亚州马林县的丹尼尔·福莱拍到了UFO。从他拍摄的照片来看，那架圆盘形UFO很像陀螺，底部的中心位置有一根黑色的轴。它就像陀螺一样，旋转着滞空。

福莱是知名的被接触者，声称外星人会带着善意和人类交流，并且邀请人类搭乘UFO进行太空之旅。

1950 年 7 月 4 日晚上，福莱在美国新墨西哥州的白沙导弹试验场发现了一架着陆的UFO。他声称当时有一个不可思议的声音邀请他搭乘UFO，并将他带到纽约再返回，全程只用了 30 分钟。后来，福莱拍到的UFO都很像陀螺。

有触手的UFO

被两架球状飞行物猛撞

▲ 泰勒遇到两架UFO的示意图

冲击度 ★★★★★ 【发现地点】英国 【目击年份】1978 年

从英国苏格兰的爱丁堡通往格拉斯哥的道路附近有一座森林。1978 年 11 月 9 日早晨，那里发生了一起人类接触UFO的事件。那天，鲍勃·泰勒在森林里巡逻，发现一架银色的球状UFO停在空地上，他感到很惊讶。突然，两架有许多只触手的球状飞行物对着他猛冲过来。

泰勒被撞得昏过去了，他隐约感觉自己的身体被什么东西拖着，而且闻到了一股强烈的药味，他的狗不停地叫着。他清醒过来的时候，UFO已经消失了，但草地上有UFO留下的痕迹。

经过相关部门的调查，该处确实有某种交通工具停留的痕迹。这是一起少见的UFO攻击人类的事件。

温哥华岛的UFO

在车上偶然拍到的物体

1981年10月8日，汉娜·麦克罗伯茨和家人前往加拿大温哥华岛观光。汉娜在车上拍照时，竟偶然地拍到一架UFO。然而，当时汉娜的家人并没有注意到天上有异象。

他们通过认识的人公开了这张照片，引发了UFO研究者之间激烈的讨论。

经过美国加利福尼亚大学伯克利分校的詹姆斯·哈达博士分析，这张照片没有造假的嫌疑。从太阳的位置看，UFO的影子、周围的轮廓和照片中的景深，都符合真实照片的条件。

冲击度 ★★★★★ 【发现地点】加拿大 【目击年份】1981年

然而，美国国家航空航天局的知名UFO专家理查德·海恩斯用计算机对底片进行分析，结果显示该照片可能是利用重复曝光的手法伪造的照片。

▷ 汉娜拍摄的UFO照片

迪亚斯成为被接触者

摄影师被带进UFO

▲ 迪亚斯拍摄的橙色UFO

冲击度 ★★★★★ 【发现地点】墨西哥 【目击年份】1981 年

1981 年 1 月的某天清晨，摄影师拉洛斯 · 迪亚斯乘车前往位于墨西哥迪坡斯特兰的阿胡斯科山国家公园，打算拍摄日出。找到合适的拍摄场所后，他便开始等待日出。这时，前方山丘的斜坡上突然出现了一个发出橙色光芒的物体。“是UFO！”迪亚斯一边想，一边拿起相机拍摄。

两个半月后，迪亚斯因十分在意当时看到的UFO，便回到了发现UFO的场所。就在那时，他又看到了那架发出橙色光芒的UFO。这一次，UFO就在迪亚斯旁边。迪亚斯呆若木鸡，忽然有人拍了拍他的肩膀，随后他便昏倒了。

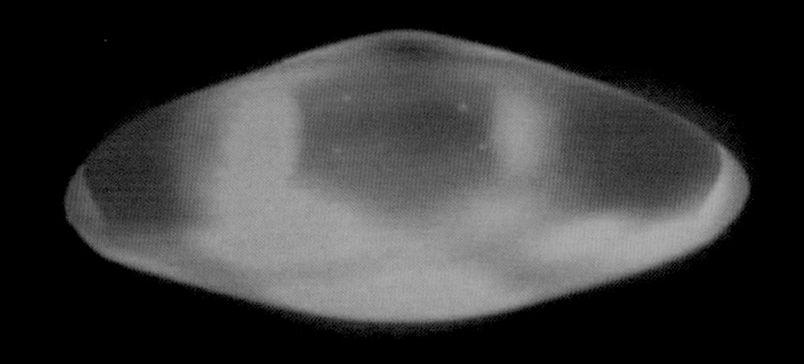

▲迪亚斯拍摄的橙色UFO放大图

迪亚斯醒来后，发现原本被雨淋湿的衣服居然干了，神秘的UFO也消失了。

迪亚斯潜意识中的记忆告诉他，他被带进了UFO。后来，迪亚斯声称自己常常和友善的外星人交流。

被接触者维拉

从小就能和外星人心电感应

1963年6月16日，由于“某个约定”，保罗·维拉带着相机前往美国新墨西哥州的阿尔伯克基郊区，等待“某人”到来。

保罗·维拉声称他从5岁开始就可以靠心电感应察觉外星人的存在。1953年，他终于在加利福尼亚州洛杉矶的长滩地区和外星人见面了。由于当时遇到的外星人身长超过2米，维拉吓得拔腿就跑。那时，外星人不但说出了维拉的名字，而且说出了只有维拉才知道的个人信息。然后，外星人一边指着海面一边说：“你看看大海。”维拉看到海面上有一架金属材质的UFO。

虽然刚开始维拉觉得那个外星人很恐怖，但仔

冲击度 ★★★★★ 【发现地点】美国 【目击年份】1963年

细一看，发现它长得跟地球人很像，而且有一张漂亮的脸庞。后来，维拉接受外星人的邀请，进入UFO。外星人告诉维拉，它是从一个欣欣向荣的星球飞行至地球的。

10年后，维拉通过心电感应再

▲ 1963年6月16日，维拉在阿尔伯克基郊区拍摄到的UFO照片

来自后发星系团的无人侦察机的照片。这架直径约为 1 米的UFO配备了着陆用的脚架，有小型的球状物从里面飞出来

度接收到外星人的信息。这一次，维拉知道和自己联络的是那个带着善意的外星人，外星人答应让维拉拍摄UFO。

1963 年 6 月 16 日，外星人如约让维拉拍摄UFO。根据维拉的说法，UFO的直径约为 20 米，里面有 9 个外星人，都能用心电感应直接和维拉沟通。外星人来自几亿万光年外的后发星系团。

从那以后，维拉时常与外星人接触，不仅和外星人保持联络，还持续拍摄相关照片。由于照片很模糊，不少UFO专家怀疑维拉使用迷你模型造假。可惜的是，在揭开事实的真相前，维拉于 1981 年逝世了。

还有更多令人震撼的瞬间！

UFO不只有飞碟状的，还有各种稀奇古怪的形状。本书公开了大量不同形态的UFO照片。

外星人与UFO影像特辑①

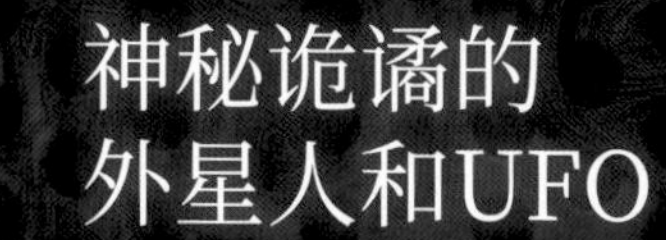

中国广东省的巨大UFO

2011年8月30日，中国广东省某个池塘上空出现了UFO。这架巨大且结构复杂的UFO仅仅出现了20秒就消失了。

火的UFO

1989年9月27日，住在美国田纳西纳什维尔的前海军司令持有的照片。从片来看，UFO底部会喷射火焰，不过当的目击状况和相关摄影信息依旧不明晰。

难道UFO是监视人类的外星侦察机？

经常出现的无人侦察机

2007年过后，图中这架UFO不断地出现在美国各地，而且形状还不断地变化。这架UFO似乎没有驾驶员，可能是一架无人侦察机。

以等离子体为动力的UFO

1974年3月23日，法国南部的一个匿名医生拍摄了这张照片。由照片可知，该UFO下方有4道光束，推测该UFO飞行的动力很有可能是等离子体。

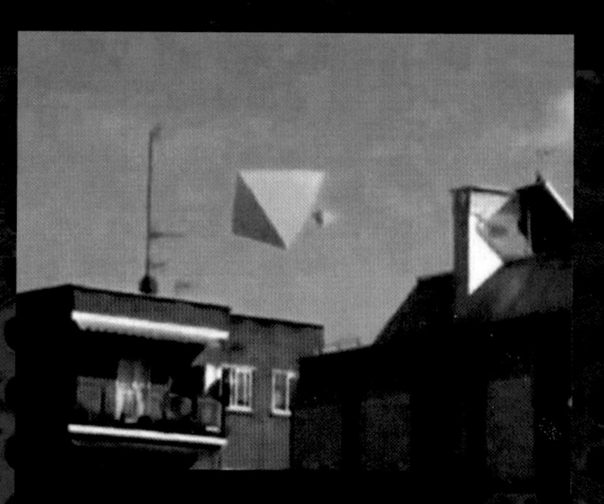

这是来自网罟座的UFO吗

1980年，威廉·哈曼于美国南卡罗来纳州查尔斯顿拍摄的UFO。据说，哈曼曾被来自网罟座的外星人绑架。

拉脱维亚的金字塔形UFO

2009年12月24日，出现在拉脱维亚的两架金字塔形UFO。这两架UFO一大一小，长时间滞空。

在火星坠毁的UFO

这是 2000 年于火星拍摄的照片。令人惊奇的是，照片中有一架疑似掩埋在沙子里的UFO，全长约为 100 米。难道它是意外坠毁的吗？

长棍形UFO

2003 年 7 月，有人在加拿大安大略省华莱士堡拍到一架长棍形UFO。照片中的人物身后有神秘的圆圈状痕迹，不过无法考证是否和该UFO有关联。

海里真的有外星人的秘密基地吗？

从海中现身的UFO

1966 年 1 月，泰瑞·罗兹在美国华盛顿州西雅图的一处海岸拍到了UFO从海里出现的瞬间。难道海里真的有外星人的秘密基地？

奇怪的漩涡状光辉

2009 年 12 月 9 日，挪威北部某地的空中出现了一架发白光的螺旋状UFO。这架奇怪的UFO一边旋转，一边形成一道道漩涡。其中心位置还会发蓝光。过了十几分钟，它便像一缕烟般消失了。

体积庞大的UFO

20 世纪 70 年代，瑞士的艾德亚尔德・麦亚声称自己常常接触外星人，并且得到允许，可以近距离拍摄UFO。此图正是麦亚拍到的照片。

四边形UFO

1989 年 8 月，有人在美国宾夕法尼亚州费城拍摄到的UFO。该UFO飞行时，四个角喷射出橙色的火焰。

苏格兰UFO

1991 年 11 月 12 日，马可·罗宾孙于英国苏格兰的格兰杰默斯拍摄的UFO。从照片来看，当时UFO正发出强光。据说该UFO在大约 600 米的高空发出“噗噗”声。

带窗户的圆顶形UFO

1993 年 4 月 24 日，墨西哥哈利斯科州奥科特兰连续发生UFO事件。这张照片是当地居民劳尔·多明格斯拍摄的。照片中的圆顶形UFO侧面有一排窗户，很像亚当斯基型UFO。

在地球上常常可以见到各种UFO现象！

拖着航迹云的UFO

1952 年 7 月 19 日，秘鲁的马尔多纳多港出现了一架雪茄形UFO。这架UFO身后疑似拖着航迹云。这类UFO照片实属少见。

乌拉尔山脉的小型外星人

1996 年 8 月，俄罗斯乌拉尔山脉的卡麦卡村出现了一个体长约 30 厘米的奇怪生物。不久，该生物因衰弱而死，成了干尸。虽然后来学者判断此生物为外星人，但并没有后续的研究报告。

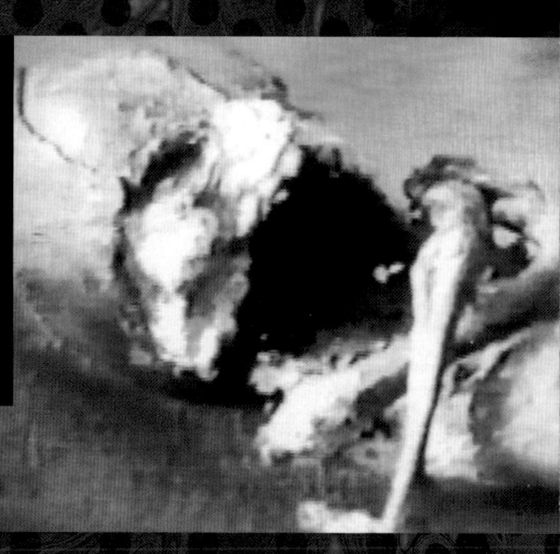

非鸟也非蝙蝠的生物

此照片是 1999 年 7 月于意大利拍摄到的。该不明飞行生物在空中展开翅膀，模样很奇怪，据说飞得比飞机快。

森林中的发光外星人

1978 年 4 月，瑞士的一座山中出现了一个光芒四射的外星人。那个外星人在金色的光辉中颤抖，似乎想传递某种信息，却突然消失在黑暗中。

外星人说不定就在你身边！

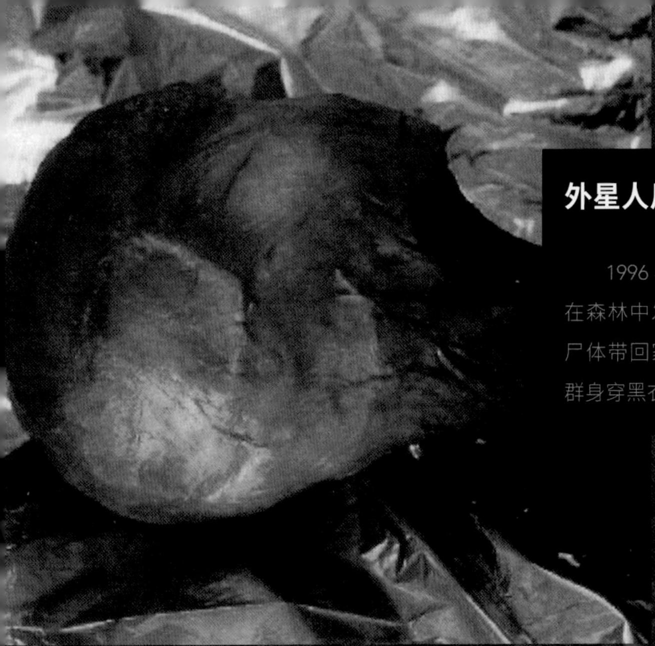

外星人尸体

1996 年 10 月，乔纳森·里德在森林中发现外星人的尸体。他将尸体带回家中拍照存证，但据说一群身穿黑衣的男人将尸体偷走了。

超小型外星人

2002 年 10 月 1 日，有人在智利的康塞普西翁发现了一个疑似超小型外星人的奇怪生物的尸体。这个生物的尸体身长约为 7 厘米，但缺失下半身。

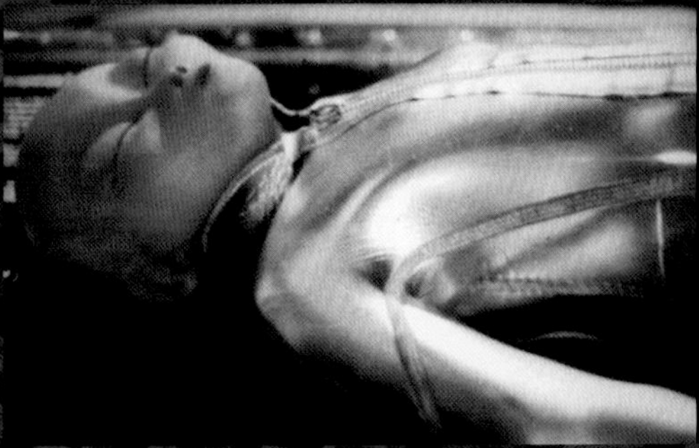

外星人遗体模型

左图为 1967 年在一个展览上展出的外星人模型。据说这是根据美国空军基地某个机密单位收藏的外星人遗体制作的，不过真相尚无人知道。

外星人与UFO研究学

为什么将在空中飞行的圆盘状物体称为UFO

人类第一次对外发表目击UFO是在 1947 年。当时，人们仍习惯将不明飞行物称为“飞碟”。“飞碟”一词其实是由“Flying Saucer”(会飞的咖啡碟)翻译而来。从什么时候起，人们开始改称UFO了呢?

自 1947 年起，美国空军组建了飞碟研究团体。1951 年 10 月 27 日，该团体改名为“怨恨计划”，翌年又改名为“蓝皮书计划”。那时，该团体的活动由空军上尉爱德华·鲁佩尔特上尉负责。

虽然 20 世纪 50 年代相继传出目击飞碟的报告，但那些飞碟并不都是圆盘形的。因此，鲁佩尔特上尉提议将所有不容易辨别形状的飞行物体称为“UFO”(不明飞行物)，从此，这个词成为正式的空军用语。

此外，在UFO一词诞生的 1952 年，出现了不少目击UFO的案例，据说有 1500 起。日本的民间人士于 1955 年创办飞碟研究会和近代宇宙旅行协会等UFO研究团体。可以说，20 世纪 50 年代是UFO研究正式拉开序幕的时代。

美国空军UFO研究团体“蓝皮书计划”成员的合照，该团体的研究活动一直持续到 1969 年

鲁佩尔特上尉 1956 年写的《不明飞行物相关报告》的封面

第2章

UFO遗留的奇怪痕迹

UFO遗留的奇怪痕迹，是它们出现在地球上的证据！

亚马孙河的吸血UFO

恐怖的诡异光线袭击居民

1981 年，巴西马拉尼昂州的亚马孙河河口周边地区曾连续发生一系列骇人听闻的神秘事件——UFO攻击当地居民，并且吸取人类的血液。

这一连串事件从贝雷姆村的一个少女遇袭开始。那年 5 月的一天，奥罗拉·费南迪斯走到院子里收衣服，突然发现院子外出现了一架发光的UFO。这架UFO以受到惊吓的奥罗拉为目标，用诡异的光线照射她。

奥罗拉因为突如其来的惊吓而当场昏倒了。醒来后，她发现自己的右胸多了一道像是吸血留下的伤口。

冲击度 ★★★★★ 【发现地点】巴西 【目击年份】1981 年

后来，贝雷姆村频频发生相同的袭击事件，不仅人类遭到攻击，就连马也惨遭毒手。当年 11 月，在距离贝雷姆村 30 千米的马兰哈欧地区，也发生了相同的UFO袭击事件。

▲ 按证言画出的猎人遭UFO攻击的示意图

更恐怖的事件发生在距圣路易斯

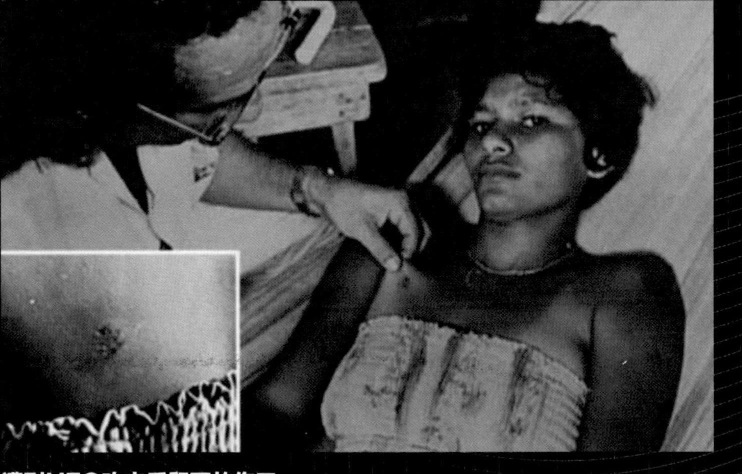

遭到UFO攻击后留下的伤口

▲ 接受治疗的奥罗拉·费南迪斯。左图为她右胸伤口的放大照片

约 530 千米的帕纳拉马镇。当时，4 个猎人遭到了UFO攻击，其中一个名叫阿维尔·博罗的猎人死去了。

一个幸存的猎人说：“那架轮胎形UFO朝阿维尔射出光线，我闻到一股像是家电燃烧的焦味，接着就看到阿维尔整个人像蜡一样惨白。”

经过检验，阿维尔体内已经不剩一点儿血液。这一连串惨无人道的UFO吸血事件，就连警方也束手无策。后来警方将这件案子交由巴西军方处理，但最后还是不了了之。毕竟“吸血光线”这种东西，已经远远超出了人类的想象。

家畜屠杀事件

事件现场常有UFO出没

从20世纪60年代末到20世纪70年代，美国各处牧场常常发生马、羊等家畜遭到虐杀的事件。这些事件的共同特征是，家畜躯体的一部分似乎被激光切掉了，全身的血液也被抽干，死状十分惨烈。然而，周围并没有有人入侵的迹象。这些事件被称为“家畜屠杀事件”。

1967年9月7日，美国科罗拉多州阿拉莫萨县某匹遭杀害的马，正是动物屠杀事件的第一个被害者。那匹马被发现时头部已化为白骨，并呈现与躯干分离的状态，尸体周围有疑似火焰喷射的痕迹，还能看到沾着绿色液体的肉屑。此外，现场检测出了辐射能，而且在这起动物屠杀事件发生前后，都

冲击度 ★★★★★ 【发现地点】美国等地 【目击年份】1967年

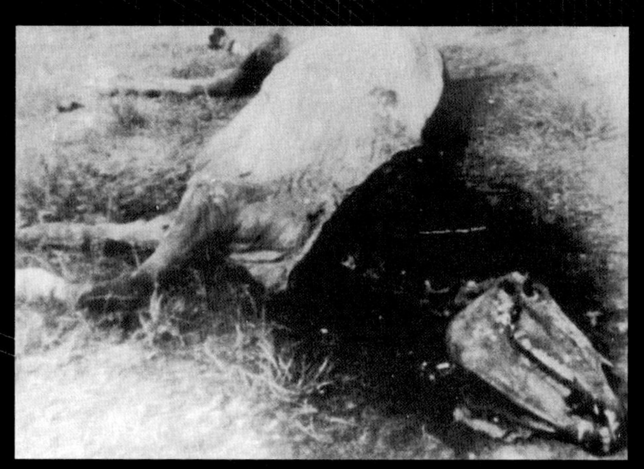

家畜屠杀事件

▲ 1967年，美国科罗拉多州发生了全世界第一起家畜被外星人屠杀的事件

有人在附近看到过UFO。

20世纪80年代，这类事件开始集中发生在美国各州，而且不仅家畜被害，连狗、猫等宠物也受到波及。

之后，有人在美国加利福尼亚州发现血液被抽干的鹈鹕以及身体的一部分被切除的鸽子。至此，许多人将此事件称为“动物屠杀事件”。凶手的杀害

▲ 1992年3月28日，在澳大利亚拍到的UFO以不明之力将牛牵引起来的瞬间

诡异光线杀人案

被UFO攻击的男子

1968年2月2日早晨，在新西兰奥克兰郊区经营牧场的埃蒙斯·米勒，正和他的儿子比尔在牧场里劳作。

突然，他们听到了“哔哔”声，一架圆形UFO随即飞了过来。那架UFO在离他们约200米的地方停了下来，距离地面约5米。

那架UFO有金属制的外壳，上端有疑似尖塔的结构，外侧有圆形的窗户。接着，UFO底部伸出三根脚架，着陆于地面。

米勒父子就像着了魔，不由自主地走到UFO旁边。但比尔在接近的过程中，因为感受到莫名的恐惧而停下脚步。这时，UFO射出刺眼的光线，笼罩住他的父亲埃蒙斯。接着，埃蒙斯倒下了，那架UFO立即扬长而去。

冲击度 ★★★★★ 【发现地点】新西兰 【目击年份】1968年

比尔见到此景，立刻跑到埃蒙斯身边。遗憾的是，埃蒙斯当时已经没有生命迹象了，而且他从额头到后脑勺的头皮不见了。比尔主动报警，却被列为嫌疑人而遭到拘留。

法医验尸后，发现埃蒙斯身上没有严重的外伤。更惊人的是，埃蒙斯骨头中的磷完全消失了。而且，现场有某种直径达18米的物体着陆的痕迹。综合以上证据，比尔被释放了。最后，这起事件成了颇为知名的UFO杀人案。

UFO大停电事件

UFO引起电磁干扰现象

1965年11月9日下午5点30分，包括纽约州在内的美国东北部的9个州以及加拿大的2个州突然发生了大规模停电。当时纽约正处于交通高峰期，因此陷入了前所未有的混乱局面。12小时后，纽约才恢复供电。

▲ 大停电那晚，美国纽约曼哈顿地区出现了UFO的身影

冲击度 ★★★★★ 【发现地点】**美国** 【目击年份】1965年

经过美国民间UFO研究团体全国空中现象调查委员会的调查，发现美国和加拿大在这次停电前后，都有UFO出没的记录。多数目击者表示，他们看到数十架UFO出现在空中。这次大规模停电，难道是因为UFO引起了电磁干扰？

据说UFO靠近地面时，会带给电子装置和人类某种影响——电磁干扰。因此，美国全国空中现象调查委员会将这次大停电的原因归为UFO出没。

UFO喷气伤人事件

被热气袭击的男子

1967 年 5 月 20 日，斯特凡·迈克拉克前往加拿大森林地区的猎鹰湖，想寻找贵金属和宝石。中午，他看到了两架圆筒形UFO。

其中一架飞到距迈克拉克 100 米的地方着陆，另一架用令人难以想象的高速飞入云间。

着陆的那架UFO直径约为 10 米，上端有一个圆形舱罩，侧面有通风口和疑似舱口的结构。它一开始闪着红色的光芒，接着就像烧红的金属逐渐冷却般，光芒慢慢地由红色转为银色。

出于好奇，迈克拉克靠近观察UFO，并且从舱口处窥视UFO的内部结构，但他只能看到一些小灯泡没有规律地闪烁。触摸UFO时，他那涂有特殊材

冲击度 ★★★★☆ | 【发现地点】**加拿大** 【目击年份】**1967 年**

质的手套竟被烧焦了。接着，UFO忽然对正处于惊吓状态的他喷热气。迈克拉克感觉胸部产生了灼伤般的疼痛，上衣着火了。他当场将上衣脱下来丢掉。此时UFO再一次喷出热气，并且开始往上蹿升，直至消失。UFO遗

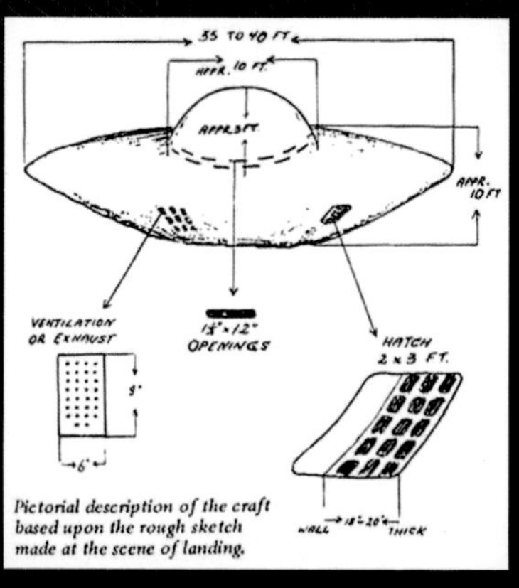

▲ 根据迈克拉克的证词画出的UFO示意图。根据图片推测，UFO下方的舱口可能是排气口

留在现场的只有直径约4.5米的着陆痕迹，以及一股强烈的硫黄气味。

迈克拉克因伤住院后，不但体重骤降，而且从胸部到耳部都出现了化脓的症状，腹部甚至出现了呈规律的几何图形状的烧伤痕迹，恶心和休克等症状也让迈克拉克苦不堪言。

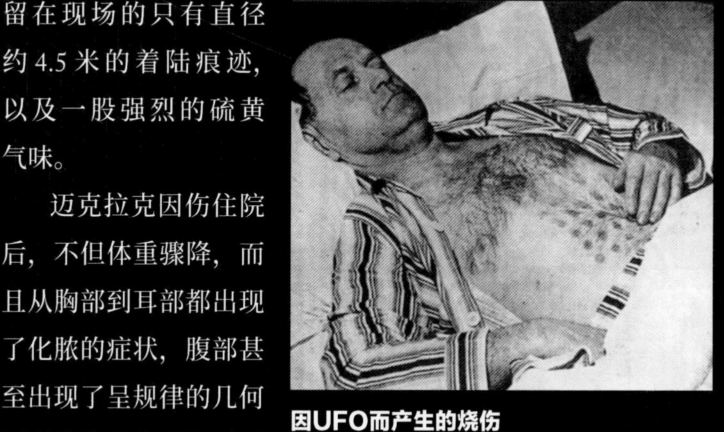

因UFO而产生的烧伤

▲ 躺在病床上的迈克拉克露出被烧伤的腹部，呈规律的几何图形状的烧伤痕迹表明此事件非比寻常

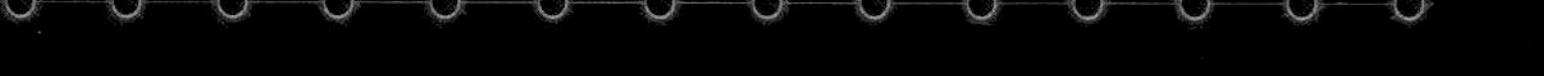

根据医生的诊断，迈克拉克的身体可能曾经暴露在超音波及伽马射线下。迈克拉克出院时，距离那起UFO事件过了半年。经过调查，

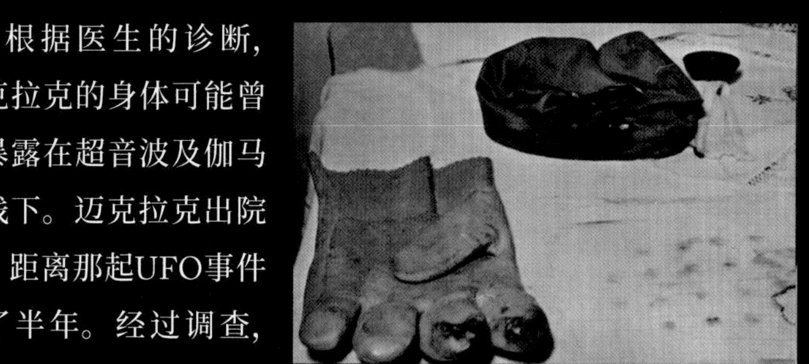

英国的『麦田怪圈』

神秘的几何图案

每到夏天，英国西南部的一些农田就会一夜之间莫名其妙地出现神秘的几何图案。人们将这一现象称为“麦田怪圈”。这些神秘的几何图案是UFO制造的吗？

▲ 17 世纪的版画，内容为恶魔沿着椭圆形的轨迹在田里收割谷物

最早的关于麦田怪圈的记载出现在 1678 年英国赫特福德郡的一幅版画上。当时，人们认为怪圈是恶魔的杰作。

麦田怪圈的形成原因有各种说法，例如UFO着

冲击度 ★★★★★ | 【发现地点】**英国等地** 【目击年份】**每年**

陆痕迹说、等离子体形成说、磁场异常说等。但在 1991 年，两个英国人说出了令人震惊的消息。他们说：“所有的麦田怪圈都是我们制作的。”这番话吸引新闻媒体大肆报道，很多人以为麦田怪圈的谜底终于揭晓了。然而，麦田怪圈不只出现在英国，世界各地仍持续传出发现麦田怪圈的消息。近年来，甚至出现更加精致、庞大的图案。那些复杂的图案只用一个晚上是不可能制作出来的。换言之，以人力制作全世界所有的麦田怪圈这个说法，或许太过牵强了。

英国的麦田怪圈

▲ 照片上是 2007 年出现于英国的麦田怪圈。作物被折断的痕迹相当不自然，而且必须用鸟瞰的方式才能看出整体图案。麦田怪圈有许多种不同的图案，大多是左右对称的几何图形

日本山形县的神秘怪圈

沼泽地里的UFO着陆痕迹

日本山形县西川町的山间有一片沼泽地。1986年8月9日，有人在里面发现了一个直径约6米的碗状痕迹。

这个痕迹很像经常出现于英国的麦田怪圈。沼泽中的芦苇长约2米，根部被压倒了，顶部向上弯曲。那些被压倒的部分没有烧焦的痕迹或其他外力的痕迹。这个地方人迹罕至，不大可能是有人刻意制造的。

发现此处怪圈的人说，两天前，沼泽地的水位下降了8～10厘米。

发现者的家人说："8日晚上，家里的电视不断地发出'嘎嘎'声，本来清晰的画面也变得十分

冲击度 ★★★★★ | 【发现地点】日本 【目击年份】1986年

模糊。刚开始以为电视坏了，但隔天早上又恢复正常了。"

据说UFO接近地面时，会产生电磁干扰，各种电器都会被影响，例如电灯不停地闪烁、收音机突

◀ 神秘怪圈的中心部位

日本的神秘怪圈

▲ 沼泽地里突然出现的碗状痕迹

然发出噪音等。发现者家中的电器很可能是因为UFO到来，被电磁干扰影响了。

发现者还说："听我的朋友说，8日晚上，有火球从天而降。"由于发现者家中发生异状的时间和朋友的证词相符，因此当时UFO在附近出没的可能性很大。换句话说，沼泽地的怪圈可能就是UFO着陆留下的痕迹。

▲ 进行现场调查的UFO研究者们

054

外星人

UFO

外星饼干

外星人给的礼物

▲UFO在西蒙顿眼前降落的重现示意图

冲击度 ★★★★★ 【发现地点】美国 【目击年份】1961 年

1961 年 4 月 18 日，美国威斯康星州的鹰河镇发生了一起前所未有的事件。当天上午 11 点左右，乔·西蒙顿在自家的鸟屋前，意外地看到一架圆盘形UFO飞到自己眼前。神奇的是，该UFO以贴近地面的状态浮在空中。看到如此不可思议的景象，西蒙顿目瞪口呆。

此时，UFO中的 3 个男性外星人中的一个示意西蒙顿给它们水，西蒙顿便给它们的水罐装满了水。他看到 3 个外星人在UFO里烹饪，感觉很好奇，外

外星人给的饼干

▲外星人给的饼干

星人或许以为他想吃东西，递给他三块很像松饼的饼干。

饼干是椭圆形的，直径约为10厘米，厚度约为3毫米。西蒙顿拿到饼干后，舱门就关上了，UFO往南边飞去。

据说，西蒙顿觉得那些饼干的味道就像纸板。经过分析，饼干的成分有地球上没有的物质。

▲乔·西蒙顿，一个从外星人手中得到神秘饼干的人

加入SETI计划，一起寻找外星人

外星人这种太空智慧生物真的存在吗？为了以科学的方式探讨这个问题，“搜寻地球外文明计划”成立了。目前，该计划以美国为中心，在日本等国的研究机构、大学附设天文台等单位，进行和外星人有关的调查活动。

SETI诞生的契机是美国天文学家法兰克·德雷克1959年提出的观点。他说：“如果太空真的存在智慧生物，那么我们应该能用电磁波与他们交流才对！”第二年，美国国家无线电天文台基于这个意见，以搜索地外文明为目的，正式开展SETI的第一个调查活动“奥兹玛计划”。

这种运用电磁波科技的方法，是目前运用最广泛的搜寻方式。具体而言，就是利用大型电磁波望远镜接收来自宇宙的各种电磁波并进行分析，找出不自然的电磁波，确认是否为外星人发出的信号。另外，红外线望远镜和光学望远镜也能应用于这种方法。

遗憾的是，目前SETI尚未发现外星人。让我们持续关注SETI的调查进展吧！

波多黎各的阿雷西博望远镜曾经是最大的电磁波望远镜

SETI之父法兰克·德雷克

第3章

在太空中目击的UFO现象

UFO探访地球之前，会先在太空中出现。那些被航天员和探测卫星拍到的UFO，代表着什么呢？

阿波罗计划与UFO

航天员上方出现发光的UFO

阿波罗计划是美国从1961年到1972年组织实施的一系列载人登月飞行任务。1969年7月20日，阿波罗11号成功登陆月球，第一次让人类的足迹留在太空中。航天员尼尔·阿姆斯特朗登上月球，说出了那句名言："这是我个人的一小步，却是人类的一大步。"

关于这次登月任务，有一个许多人都不知道的细节——阿波罗11号登陆月球时，UFO也出现在月球表面。放大阿姆斯特朗为巴兹·奥尔德林拍的照片，可以发现两个发光体。换言之，阿姆斯特朗背后有UFO。

另外，不只阿波罗11号拍到了UFO，1969年

冲击度 ★★★★★ 【发现地点】**月球** 【目击年份】1969年

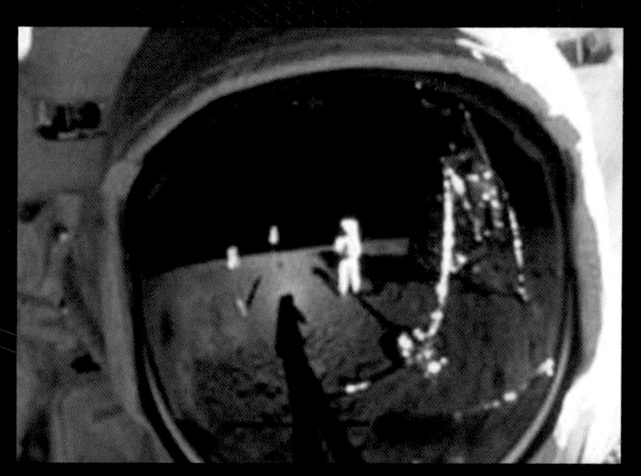

▲ 从奥尔德林的航天服头盔中，可以看到神秘的发光UFO（红色箭头所指处），疑似当时正飞过月球上空

阿波罗 12 号拍摄的UFO

▲ 右图为上图的下一个瞬间，可以看出空中有正在移动的发光体

11 月 14 日，阿波罗 12 号也拍到了神秘的发光体。当时，航天员注意到自己头上有一个庞大、明亮的发光体。而且从连续拍摄的两张照片中，还能发现该发光体正从航天员背后往前方移动。

除了这起事件，阿波罗计划里还有许多神秘的UFO事件。然而，美国国家航空航天局至今仍未公开详细情况。

巨大的UFO——太阳巡洋舰

美国国家航空航天局探测卫星拍摄的巨大UFO

美国国家航空航天局使用探测卫星观察太阳活动。卫星拍到了一种巨大的UFO——“太阳巡洋舰”。

从 2002 年发现太阳巡洋舰以来，它的数量逐渐增加，共同特征是体积庞大。这种UFO形状各异，有的是带长尾巴的球体，有的看起来像有翅膀的天使。2012 年 4 月 2 日，3 架太阳巡洋舰被拍到了，其中一架两侧附有巨大的突起物，体积是地球直径的 3 倍。这 3 架UFO离太阳十分近，却不受太阳引力及高温的影响，它们究竟是何方神圣呢?

有人或许认为是金星、水星等天体。实际上，太阳巡洋舰出现后，大约会在 5 ～ 15 分钟内消失，因此可知太阳巡洋舰不是特定的行星。此外，太阳巡洋舰也不大可能是陨石或小行星，因为它们的形状过于不规则。

冲击度 ★★★★★ 【发现地点】太阳周边区域 【目击年份】2002 年等

还有一个问题是，既然太阳巡洋舰的体积堪比行星，那么在地球上应该也能观测到吧?但就算使用精密的观测仪器，也很难在地球上观测到。

◀ 身后有航行轨迹的圆盘形太阳巡洋舰

太阳巡洋舰

▼ 形状各异的太阳巡洋舰之一，图中的天使状太阳巡洋舰被称为“太阳天使”

专门观察太阳周边UFO的研究者表示：“如果那是外星人驾驶的UFO，也许它们可以让UFO在异次元空间中自由进出，甚至能观察太阳系和地球等天体。”

换言之，太阳巡洋舰也许是一种能进出异次元空间的无法用肉眼观测的巨大UFO，其存在被卫星记录下来了。

气象卫星与UFO

肉眼无法看见的太空不明物体

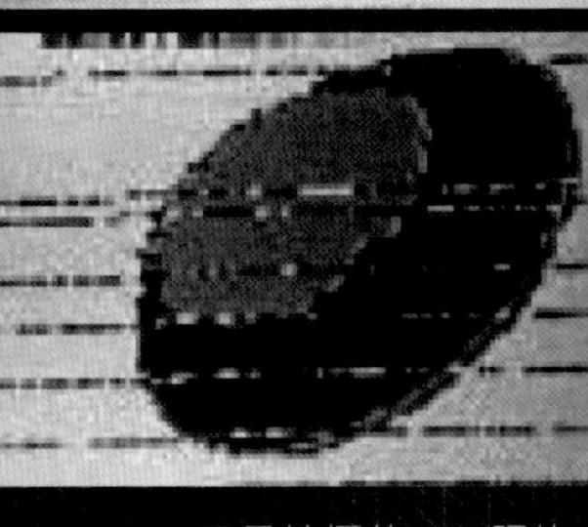

▲ GOES-8 卫星拍摄的UFO照片，下图为该照片的放大图

美国国家海洋和大气管理局使用GOES-8卫星观测地球气象。1999 年 11 月 21 日下午 2 点 45 分，该卫星在美国华盛顿州上空发现了一个巨大的物体。

根据卫星捕捉的影像判断其立体构造，发现该物体周围有水蒸气，还发射出强烈的红外线。调查前后时间点的影像，却没有发现任何异常物体，说明该物体可能只出现了短短几秒。

部分天文学家认为，该物体其实是月亮的影子。

冲击度 ★★★★★ 【发现地点】地球周边区域 【目击年份】1992 年等

但这种推测缺乏说服力。从月球和地球的相对位置来看，图像中的月球实在是太大了。而且如果要用气象卫星拍摄月球，这种角度非常难拍到。

最重要的一点是，月球本身不会自行产生热能。而该物体在红外线照片中，周围有一团黑影，表明该物体产生了热能。

其实，GOES-8 并不是第一次卷入UFO事件。相关研究人员声称："GOES-8 曾经拍到UFO活动的实时影像。当时UFO正用缓慢的速度移动，并且

▲1999年11月21日，GOES-8在美国上空拍到UFO

和GOES-8保持着16～19千米的距离。该UFO的体积相当庞大，直径估计有120～150米。根据红外线照片的热能分布，可知该UFO的温度相当高。”

虽然影像显示UFO的体积特别大，但是肉眼无法看到该UFO。也许该UFO有什么不为人知的神秘科技吧？

为了寻找真相，相关研究人员至今仍致力于调查该UFO，但它的真面目还是未知的谜团。

火星上的雪茄形UFO

火星探测车拍到的UFO

2004年3月，美国国家航空航天局的火星探测车在火星表面进行拍摄，并将拍到的影像传送回地球。令人惊奇的是，火星探测车居然拍到了火星上空有雪茄形的UFO。

雪茄形UFO

▲ 在火星上空飞行的UFO

负责确认探测车相机状况的美国国家航空航天局的科学家说："此物体的真正来历尚未有确切的结论，我们将持续进行调查。"

冲击度 ★★★★★ 【发现地点】**火星** 【目击年份】**2004年**

换句话说，美国国家航空航天局没有否认该物体的存在，也没办法立刻认为这是某种太空垃圾或电磁干扰引起的误认。

其实，美国国家航空航天局曾经承认火星的大气层中有飞行物。对于是否为UFO、陨石或偶然经过的人造卫星，产生了许多讨论。

美国国家航空航天局至今还未得出结论，该UFO的真面目依然是个谜。

神秘的球形UFO

在和平号空间站拍到的不明物体

球形UFO

▲▶ 在和平号空间站拍摄的球形UFO，右图为放大图

冲击度 ★★★★★ 【发现地点】**太空** 【目击年份】**1999 年**

和平号空间站是苏联建造的一个轨道空间站，于2001 年 3 月正式结束相关任务。

1999 年，法国航天员让-皮埃尔·埃涅雷在和平号空间站拍到了一架球形UFO。该照片的具体拍摄地点无法考证，不过能清楚地看到照片上有一架疑似金属材质的UFO。将照片放大，能看出该UFO可以反射光线，形态较为立体。

不过，仅根据这张照片依然无法分析该UFO的飞行方式等相关情报。而且，该UFO说不定只是某种太空垃圾或者不明原因引起的误认。

土星探测器与UFO

从光芒中飞出的神秘物体

卡西尼—惠更斯号是美国国家航空航天局、欧洲航天局和意大利航天局合作研发的土星探测机。2004 年 6 月 30 日，卡西尼—惠更斯号终于到达土星的公转轨道，将土星和卫星的影像资料传送至地球。

这些影像资料中有一张奇怪的照片，是 2006 年 5 月 23 日对着土卫三拍摄的照片。

从照片中可看出，某个黑色物体正从发出强光的团状物中飞出来。由于只有照片，相关研究者对该飞行物的真面目并不了解。

其实，卡西尼—惠更斯号还拍到了其他UFO的照片。2004 年，环绕土星的轨道上出现了一个奇怪的飞行物，有点儿像靴子，又有点儿像巨大的圆筒，怎么看都不像自然现象，很可能是某种人造物。它究竟是从哪里来的呢？也许土星周边仍有许多我们不知道的谜团吧！

冲击度 ★★☆☆☆ 【发现地点】**土星周边区域** 【目击年份】**2006 年**

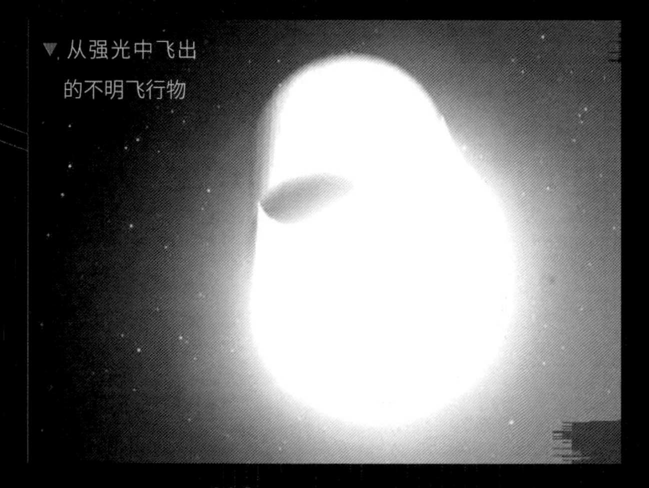

▼从强光中飞出的不明飞行物

『双子星座』计划与UFO

这种UFO到底是什么呢

“双子星座”计划是美国1961年开始实施的航天计划，执行“双子星座”计划的航天员亲眼见过UFO。

1965年12月4日，双子星7号传来消息：“十点钟方向发现不明飞行物。”在双子星7号拍摄的照片中，

▲ 双子星7号拍摄的两架UFO

冲击度 ★★★★★ 【发现地点】地球周边区域 【目击年份】1965年

有两个发光体。不过，这很有可能是宇宙飞船的部分构造，双子星7号当时提到的不明飞行物也许并不是照片中的发光体。

航天员戈登·库柏认为：“为了与人类接触，外星人会定期前往地球。”说不定，地球上所有关于外星人的情报，是仅限少数人得知的机密。

弗伯斯2号与UFO

火星探测器拍摄的雪茄形UFO

1988 年 7 月，苏联发射火星探测器弗伯斯 1 号与 2 号。弗伯斯 1 号发射 2 个月后，便在火星轨道上失联了。

翌年 3 月，弗伯斯 2 号也突然失联了。弗伯斯 2 号失联可能是因为主控计算机出现故障，或者撞到某种物体。弗伯斯 2 号失联前，曾传回火星表面的红外线照片。

令人震惊的是，照片上居然有一架巨大的雪茄形UFO。难道弗伯斯 2 号被UFO击落了吗？

1991 年 12 月，某种奇怪的物体突然接近弗伯斯 1 号的红外线照片被公开了。基于这两张照片，俄罗斯政府认为该神秘物体就是UFO。

冲击度 ★★★★☆ 【发现地点】火星周边区域 【目击年份】1989 年、1991 年

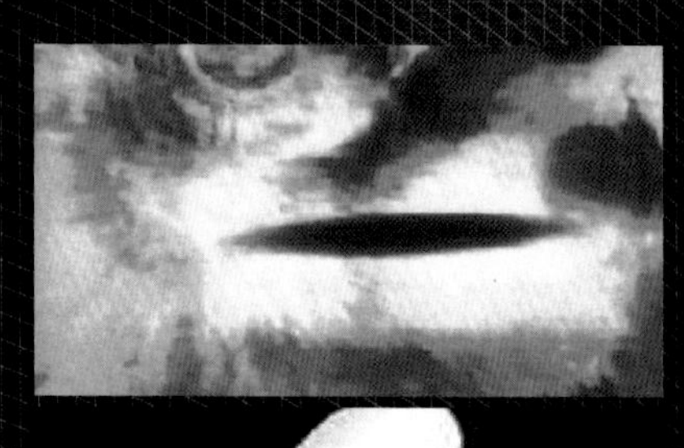

◀ 该图为弗伯斯 2 号失联前拍摄的雪茄形UFO

◀ 该图为UFO接近火星探测器的红外线照片

美国第一个载人航天计划——水星计划，于1959年至1963年执行。1962年2月20日，乘坐友谊7号进入太空的约翰·格伦突然传回一则报告。报告中说，“宇宙萤火虫”突然出现在友谊7号附近。

“宇宙萤火虫”

▲约翰·格伦拍摄的“宇宙萤火虫”

“宇宙萤火虫”一词是20世纪50年代，

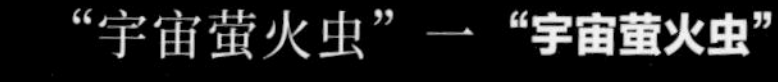

由自称持续和外星人交流的乔治·亚当斯基创造的名词。亚当斯基说太空中有萤火虫般的发光体，很有可能是外星人驾驶的UFO。

以现代科学来说明的话，那其实是宇宙飞船内部的水蒸气在太空中结冰造成的。那些冰晶被光线照射，看上去就像萤火虫一样。格伦看到的光离宇宙飞船并不远，他当时乘坐的宇宙飞船穿过了那些光。

其实，水星计划执行期间传来了不少目击UFO的消息，或许这代表外星人正监视着飞向太空的地

064 外星人 UFO

土星环附近的UFO

全长可能超过5万千米的UFO

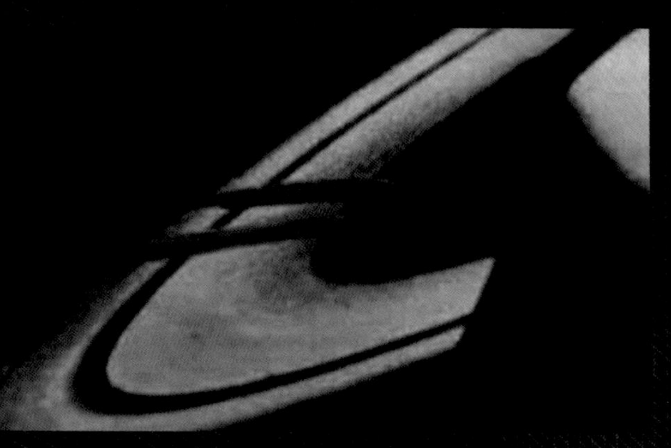

▲ 无人探测卫星拍摄的照片——土星环附近的UFO

冲击度 ★★★★★ 【发现地点】土星周边区域 【目击年份】20世纪80年代

航空机械工程师诺曼·伯格伦认为土星环附近有巨大的UFO出没。外太阳系空间探测器旅行者1号曾在土星附近活动，伯格伦发现他拍到的影像中居然存在雪茄形UFO。

该UFO十分庞大，全长估计有5万千米，约为地球直径的4倍。据说，这种庞大的UFO运用了人类不知道的科技，能在浩瀚的宇宙中自由移动。另外，根据多数照片提供的信息，有人发现这架UFO会一边伸缩，一边飞行。

伯格伦语出惊人，认为土星环其实是人造的。他认为，只要有巨大的UFO，就能造出土星环。当然，我们现在知道，这是不可能的。如果伯格伦的主张是正确的，那么绝对是一个重大的发现。

月球表面的外星人

阿波罗17号拍到像头盖骨的物体

1972年12月11日，阿波罗17号着陆于月球表面。在航天员尤金·塞尔南和哈里森·施密特拍摄的陨石坑照片中，意外出现了某种奇特的物体。

将照片放大，能看到如同头盖骨的物体。形似嘴巴的部分周围是红色的，还能看到形似眼睛和鼻子的部分。虽然这可能是在偶然的情况下，将月球表面的岩石拍得像人脸，但如果这个物体是人造物或某种生物的头盖骨，就可以证明月球上曾经有生物存在。另外，阿波罗计划原本预计实施至阿波罗20号，却因为不明原因终止于17号，让整个事件更扑朔迷离。

冲击度 ★★★★★ 【发现地点】月球表面 【目击年份】1972年

▲ 该物体很像《星际大战》中的机器人C-3PO

外星人与UFO影像特辑②

外星人以前就造访过地球吗？

古代的外星人们

我们已经知道许多UFO造访地球的事例。那么，外星人是否造访过古代的地球呢？事实上，很多证据显示，古代就有外星人曾造访地球！

描绘外星人的壁画

非洲撒哈拉沙漠的阿杰尔高原的一幅壁画中有一个长着犄角，身长超过3米的巨人。难道这个数千年前被画下来的巨人就是来自太空的外星人？

人类常常被外星人攻击吗？

球形UFO空战

这幅画描绘的是 1566 年 8 月 7 日，发生于瑞士巴塞尔的一次球形UFO空战。从画中可知，红色球体正发出光芒，和现代的UFO十分相似。

漫天飞舞的长枪

1561 年 4 月 14 日白天，德国纽伦堡居然出现了两架圆筒形UFO。这两架UFO还射出红、黑、蓝三种颜色的长枪及圆盘。难道这些东西是用来袭击地球的武器？

“小灰人”般的神

这幅一万年前的岩画是在澳大利亚金伯利高原发现的。上面画着被原住民称为“Wandjina”（澳大利亚土著神话中的云雨精灵）的神明。那圆圆的头部和巨大的眼睛，与外星人“小灰人”十分相似。

众神的飞船

这是印度尼西亚婆罗浮屠遗迹的塔形建筑。据说其造型模仿了古代印度神话中遨游天空的飞行器“维摩那”。难道维摩那其实是古时候外星人来地球时乘坐的交通工具？

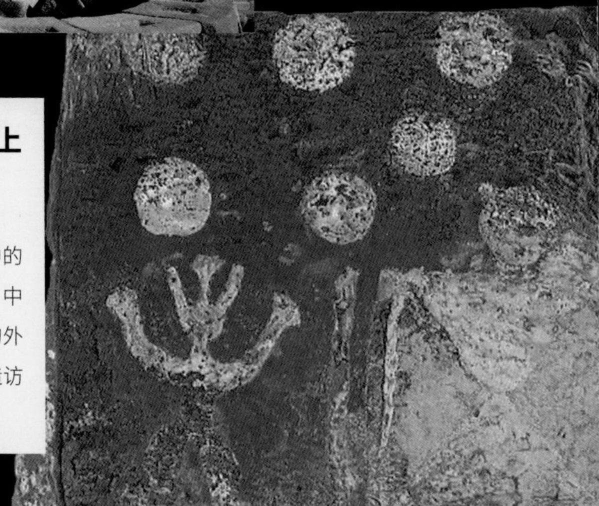

日本熊本县古坟壁画上的外星人

此为日本熊本县一处古坟中的壁画。图中的圆形物体像UFO，中间的人物像戴着有天线的头盔的外星人。或许古代日本也有UFO造访的记录。

古代航天员

这是在南美洲发现的泥人。虽然只有头部，但外形很像戴着头盔的外星人，或许古代确实有外星人来过地球。

来自外星的访客

左图为意大利伦巴第州卡莫尼卡谷出土的岩画。画中的两个人很像穿着航天服的外星人。

古埃及的外星人浮雕

在距今约 4300 前的古埃及古墓中，有一幅奇特的壁画。该壁画中有一个形似昆虫形外星人的生物。难道古埃及人接触过外星人？

大地将外星人造访地球的记忆记录下来！

神秘的“猫头鹰人”

这是必须从高处俯瞰，才能窥见全貌的秘鲁纳斯卡地画。其中有一幅奇特的画，上面画着“猫头鹰人”。画中的“猫头鹰人”头部似乎戴着头盔。

古代的神其实是来到地球的外星人吗？

《圣经》中的UFO

《圣经》中的预言家曾看到车轮般的神明在天上飞行。那如同车轮的神明就像正在天上飞的UFO。难道《圣经》中记载的神其实是外星人？

外星人的黄金雕像

此为哥伦比亚北部出土的黄金雕像，看上去就像穿着航天服。

埃及国王与太阳圆盘

距今约 3300 年前的古埃及，阿蒙霍特普四世（右者）开创崇拜太阳神的一神教。在壁画中，他和妻子伸长手臂对准的物体，就像发光的UFO。

绘画中的UFO

此为 15 世纪意大利旧宫中的木版画。画中的女性后方有一架神秘的飞行物。如果将画面放大，能看到一个男子正在仔细地观察那架飞行物。

射出光线的UFO

这幅画是意大利艺术家卡洛·克里韦利 1468 年创作的《天使报喜》，描绘的是耶稣诞生的场景。在这幅画中，似乎有一架将光线对准圣母的UFO。难道耶稣诞生是外星人一手促成的？

外星人与UFO研究学 3

外星人的种类

外星人通常被认为是搭乘UFO的太空生物，不过人类始终不了解外星人的来历。目前出现了各种关于外星人种类的报告，除了“类人类”(人形外星人)和属于怪物的“外星动物”，最为人熟知的外星人是从 1970 年开始流传的皮肤呈灰色的“小灰人”。另外，还有出现时带着光芒，因此难以确认外形的“发光体”外星人。近年来最特别的是来自异次元的“幽灵”外星人。

这些外星人也许是各种外星生物。这是否代表着地球正被许多外星人视为目标呢?

类人类

和地球人极相似的外星人。不过，我们不知道这些外星人究竟是天生长得像地球人，还是为了某些目的刻意假扮成地球人

“发光体”外星人

图中是于日本爱媛县拍摄的发光体外星人。由于它们的身体被光芒笼罩着，因此无法确认原本的样貌是什么样的

小灰人

基于邪恶的目的接触地球的灰色外星人。这种外星人眼尾上扬，眼睛很像杏仁

“幽灵”外星人

此为 2004 年在荷兰拍摄的“幽灵”外星人。这种外星人没有实际的形体，有人认为它是某种来自异次元的生物

第4章 令人惊愕的外星人照片和目击事件

本章会介绍许多人目击的各种外星人，以及这些外星人来到地球后掀起的各种风波！

踏足地球的不明外星人『小灰人』

这种被称为“小灰人”的灰皮肤外星人，出现于20世纪70年代的美国。其特征除了皮肤是灰色的，还有眼尾上扬、眼珠又大又黑、鼻孔非常小以及和瘦小身材形成对比的巨大头部。由于它们平时生活在与地球的重力环境不同的太空中，身上没多少肌肉，身高通常不足1米。

在地球上目击的外星人中，半数以上都属于“小灰人”。这也许代表小灰人在地球的活动日趋频繁。小灰人来到地球，究竟打算做什么呢？

UFO专家根据许多目击情报，整理出以下看法：“小灰人”是以监视、调查人类为目的而来到地球，因此它们不但会绑架人类和动物，带进UFO后，还

冲击度 ★★★★★ | 【发现地点】**世界各地** 【目击年份】**20世纪70年代起**

会在绑架对象体内安装通信设备，以便日后监视绑架对象。

令人恐惧的是，被绑架的人大多会丧失被绑架时的记忆，像没发生过任何事般重回生活轨道。不过，利用催眠等心理治疗方式，就能让他们回忆起当时的恐怖体验。关于这一点，最有名的案例是“希尔夫妇绑架事件”。

▲1994年，罗伯特·迪安公布在杂志上的“小灰人”照片

从以上描述来看，对人类而言，“小灰人”

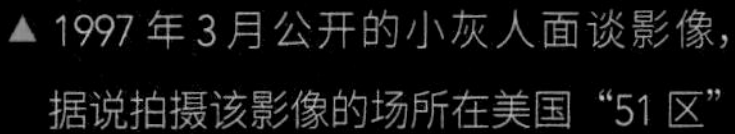

▲ 1997 年 3 月公开的小灰人面谈影像，据说拍摄该影像的场所在美国“51 区”

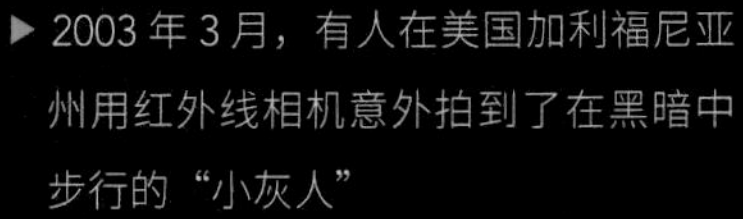

▶ 2003 年 3 月，有人在美国加利福尼亚州用红外线相机意外拍到了在黑暗中步行的“小灰人”

绝非友善的外星人。另外，据说美国的机密军事区域 51 区保存着在地球上坠毁的UFO残骸及外星人尸体。这则传闻中的外星人尸体，据说就是小灰人的尸体。

如果它们能够巧妙地一边隐匿，一边进行入侵，说不定它们早就开始实施征服地球的计划了。

瓦尔任阿UFO事件

出现在巴西的奇怪外星人

巴西米纳斯吉拉斯州有一座名为瓦尔任阿的城市。1996 年 1 月 20 日上午 8 点，有人通知当地消防局，公园里出现了奇怪的生物。

当时，消防员们心想："大概是不知道从哪里来的野生动物吧？"他们像往常一样，驾驶消防车赶往现场。

上午 10 点左右，消防员们终于在公园里的森林中找到了那个奇怪的生物。他们从未见过如此古怪的生物。该生物身长约为 1 米，可以直立步行。它头上有 3 个突起物，眼睛是血红色的，皮肤泛着油亮的光泽。当时，该生物似乎受了伤，动作十分无力，发出蜜蜂拍翅膀的声音。消防员们看到这个生

冲击度 ★★★★★ 【发现地点】**巴西** 【目击年份】1996 年

物，被吓到了，但还是将其捉住了。

同一时间，巴西陆军士兵早已赶到公园附近。他们封锁了现场，严格管控出入。

然而，这个事件并没有就此结束。当天下午 3 点 30 分左右，住在公园附近的 3 个女孩发现了与上午在公园捕获的生物相同的生物。上午捕获的生物被送往军方基地，但最终不了了

▲ 目击奇怪外星人的少女们用手指着事件现场

▶ 不明生物在瓦尔任阿被人发现时的重现示意图

之。而下午捕获的生物，因为不明原因转送至医院，最终仅留下该生物于21日下午死亡的记录，该生物的尸体恐怕也被军方回收了。最令人好奇的是，这种生物的真面目究竟是什么样的？能让人直接想到的只有外星人。

UFO专家指出，1996年巴西经常传出UFO的目击报告，该事件很有可能是一起UFO坠毁事故。该事件发生后3个月，又有人在巴西见到类似的生物。也许那些外星人是在搜索失踪

扬·波尔斯基事件

绿色外星人对地球人进行身体检查

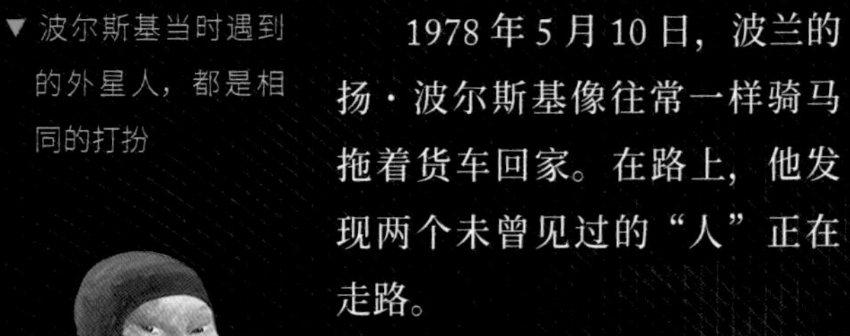

▼ 波尔斯基当时遇到的外星人，都是相同的打扮

1978 年 5 月 10 日，波兰的扬·波尔斯基像往常一样骑马拖着货车回家。在路上，他发现两个未曾见过的“人”正在走路。

那两个“人”身材纤瘦，长得有些像外国人，穿着漆黑的衣服，衣服的材质像是橡胶。波尔斯基追上它们时，它们忽然坐在货车的置物架上，还对波尔斯基说一些他听不懂的话，似乎是想让波尔斯基载它们走。据说，它们当时用不明的语言流利且快速地说话，波尔斯基十分确定它们说的话是自己从未听过的语言。

冲击度 ★★★★★ 【发现地点】**波兰** 【目击年份】1978 年

到达森林里的空旷场所时，波尔斯基发现一架小木屋大小的白色UFO浮在离地面 4～5 米的地方。那架UFO的四个角均附有一个黑色棒状物，外形像螺栓，不停地旋转着。UFO正下方有一个似乎是升降机的装置，那两个“人”和波尔斯基通过这个装置进入了UFO内部。波尔斯基看到UFO内部有房间，墙边摆放着椅子，还看到另外两个“人”站在里面。其中一个“人”非常小心地将波尔斯基的衣服脱掉，另一个拿着盘子般的磁盘，对着波尔斯基

▲ 林中空地里的白色UFO示意图。造型很像小木屋，看起来像不需要机翼结构也能飞行的宇宙飞船

从头到脚进行扫描，仿佛在做身体检查。

检查结束后，那些“人”递给波尔斯基某种像冰棒的东西，但是波尔斯基认为那是来路不明的食物，婉拒了，然后离开了。没过多久，UFO开始升空，然后加速离开了。据说，其他人也看到过这架UFO。

▲ 在访问中对当时的神秘经历侃侃而谈的波尔斯基

UFO里的那些“人”可能就是外星人，想调查关于地球人的资料吧？

墨西哥的小外星人

无法查明来源的照片

◀ 两个穿着大衣的男子牵着小外星人步行

冲击度 ★★★★☆ 【发现地点】**墨西哥** 【目击年份】**可能为 20 世纪 50 年代**

要论流传时间最久、最有名的外星人照片，非上图中这张于墨西哥拍摄的照片莫属。虽然相关情报并不确切，但据说该照片的公布时间为 20 世纪 50 年代。传闻照片中的小外星人是迫降于墨西哥的UFO驾驶员，两个穿着大衣的男子是美国中央情报局的情报员。

许多UFO专家都认为这张照片是愚人节伪造的假照片。照片中的生物可能是剃了毛的猴子或玩偶。

确实，这个因UFO迫降而被捕捉的生物看起来太精神了，但由于始终无法查明该照片的来源，因此其是真是假也难以定论。

女孩身后的外星人

摄影者没有发现的身影

身穿防护服的外星人

▶ 此外星人可能因无法在地球上呼吸，才会穿上白色的防护服

冲击度 ★★★★★ ｜【发现地点】英国 【目击年份】1964 年

1964 年的某天，英国消防员吉姆・邓普顿给 5 岁的女儿伊丽莎白拍了一张生活照。数日后，他洗好照片，竟发现照片上的女儿背后有一个人影。仔细看，能看清那个人戴着头盔，身穿航天服般的防护服。邓普顿拍照时，完全没有注意到女儿身后有人影。

由于这张照片太过清晰，不少人怀疑是伪造的。关于照片的真实性，许多人展开了激烈的争论。著名超自然现象专家艾维安・山德森认为，此照片的摄影者是原本不相信UFO和神秘现象的人，而且英国空军的照片专家对照片进行了分析，该照片很有可能是真实的。

071
外星人
UFO

阿尔卑斯山的外星人

世界上第一张外星人照片

1952年7月31日上午9点，意大利工程师约翰·皮耶特罗·蒙格奇在阿尔卑斯山休假时，意外成为世界上第一个拍到外星人的人。

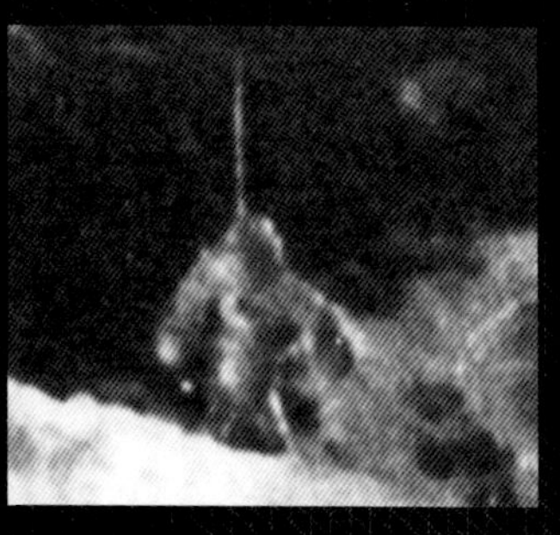

▲ 这是世界上第一张有明确时间记载的外星人照片。照片中的外星人背上有一根往上伸的天线

当时，外星人身穿有光泽的航天服，背上还背着有天线的装置。外星人上了附近的UFO，立刻飞走了，不知去向。

他拍的照片一共有7张，他从远处拍到的照片全都是外星人在椭圆形UFO附近走动的模样。这些被刊登在意大利的杂志上，社会上开始产生该照片是否有造假嫌疑的议论。

冲击度 ★★★★★ 【发现地点】意大利 【目击年份】1952年

有人认为，这些照片是用阿尔卑斯山做背景，配合黏土模型伪造而成的。外星人不过是玩偶，UFO则是用纸板制成的模型。但也有照片分析专家认为，照片中的光影效果真实且完美，除非亲自前往阿尔卑斯山的冰河地区，否则根本不可能达到这种效果。时至今日，这些外星人照片的真实性仍有待考证。

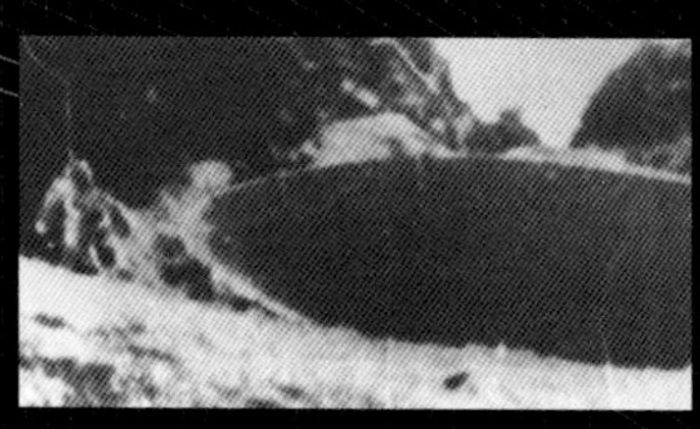

▲ UFO就在外星人右边

072

外星人

UFO

火星人的背影

戴着呼吸辅助装置的外星人

1954年2月18日，业余天文学家塞德里克·阿林伽姆在英国苏格兰北部的海岸散步时，看到一架UFO正在上空盘旋。不久，UFO咻的一声着陆于地面。他靠近一看，发现从直径约15米的UFO里走出了一个身高1.8米的男子。

该男子有褐色的头发和皮肤，是一个人形外星人，鼻子上连着疑似呼吸辅助装置的管线。那个外星人不但向阿林伽姆示好，还说自己来自火星。结束交谈后，外星人便走回UFO，飞走了。

▲ 照片上是双方结束会面，外星人转身离去的背影。据说这名男子很友善，并自称是火星人

冲击度 ★★★★★ 【发现地点】英国 【目击年份】1954年

阿林伽姆趁外星人转身离去时拍下了它的背影，也许这代表火星上存在和人类相似的生物吧？

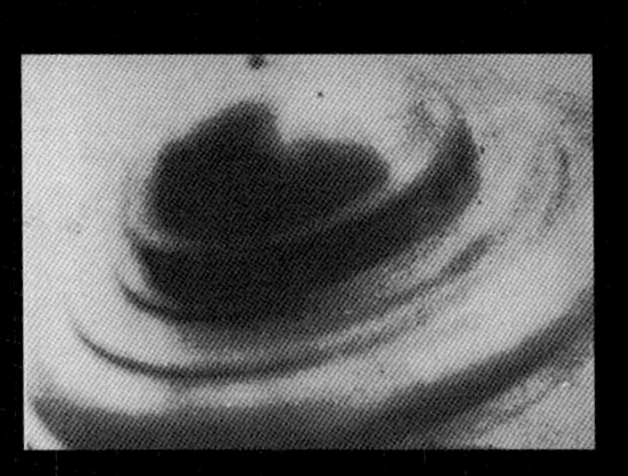

▲ 着陆于地面的火星人UFO。据说该UFO飞行时，中央的圆顶会不停地旋转

073
外星人
UFO

矮小的外星人

抢夺花束和裤袜的小矮人

1954年11月1日早上，意大利切尼亚的罗莎在前往教堂的途中，由于不小心将鞋子弄脏了，只好右手拿着康乃馨花束，左手拿着鞋子和裤袜，赤脚走路。忽然，她看到杉树林里有一架高约2米的纺锤形UFO。远远望去，能看到UFO中央较粗的部分有入口及两个圆形窗口。

▲ 罗莎当时遇到的外星人和UFO。据说外星人将物品丢进那个有金属光泽的物体时，能看到里面有供人乘坐的座席

冲击度 ★★★★★ 【发现地点】**意大利** 【目击年份】1954年

对此情景感到不可思议的罗莎靠近该物，两个小矮人突然出现在她眼前，嘴里说着罗莎无法理解的语言。那些小矮人身高大约为1米，身穿有纽扣的灰色上衣和十分贴身的长裤，披着长度及腰的披风，头上戴着头盔。

小矮人朝罗莎跑来，抢夺她手上的花束和裤袜，然后丢进纺锤形UFO内。罗莎感觉十分恐怖，拼命地逃跑。听闻罗莎经历的警察们到达现场后没有看到任何人，只看见地上有非常大的窟窿。

梅杰与金星人

乘坐亚当斯基型UFO到月球遨游

金星人

▲ 在月球表面拍到的金星人身影，UFO就在金星人后面

据说美国新泽西州的霍华德·梅杰自 1946 年在家附近目击UFO后，便常常和外星人见面，成为被接触者。1958 年，他甚至接受金星人的邀请，搭乘UFO前往月球。

冲击度 ★★★★★ 【发现地点】可能为月球 【目击年份】1958 年

根据梅杰的陈述，本页上方的照片就是自称金星人的男子。这张照片是梅杰和金星人前往月球时拍摄的纪念照片。该男子背后就是UFO，顶部是圆形的，有圆形的窗户以及裙摆状的底部，完全是典型的亚当斯基型UFO。能证明梅杰曾登陆过月球的证物，就是他亲手带回来并称为“月球马铃薯”的奇特岩石。此外，梅杰还拍了不少相关照片，据说他还在旅途中遇到了土星人。

目前，科学界还无法确认金星和土星是否存在生物。而且在月球上，梅杰是如何呼吸的呢？许多谜团至今尚未解开。

075

外星人

UFO

银色的小外星人

男孩面前出现球形UFO

1967年7月21日下午，美国北卡罗来纳州的罗尼·希尔在家里的庭院中，突然听到“噗噗”声。他闻到一股恶臭味，往散发恶臭的地方走，发现了一架直径约3米的球形UFO。UFO里走出了一个银色的外星人，身高在1.1～1.2米之间。希尔难以辨认这个外星人究竟是穿着银色的服装还是皮肤是银色的，不过他看得出这个外星人头大、身体小，手里还拿着某种黑色的物品。

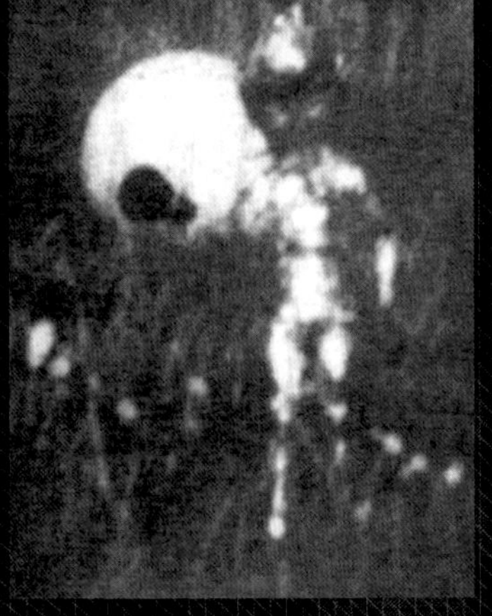

▲ 希尔拍到的外星人，此外星人右手拿着像漏斗的黑色物体，不知道该物体的作用是什么

冲击度 ★★★★★ 【发现地点】美国 【目击年份】1967年

希尔急忙跑回家中拿出相机，将外星人的模样拍了下来。外星人走路的步伐摇摇晃晃的，转向时双脚僵直。外星人回到球形UFO里后，UFO底部喷出青蓝色的火焰，以缓慢的速度浮在空中，接着被另一架土星状的大型UFO吸进去，快速飞走了。

留尼汪岛事件

外星人搭乘透明宇宙飞船

位于印度洋的法属留尼汪岛上，有一位以农业为生的31岁青年卢斯·冯提鲁。1968年7月31日上午9点，他发现森林里的空旷处多了一架直径为4～5米的蛋形UFO。这架UFO被一种透明玻璃般的金属材质支撑着，浮在离地面4～5米的空中。

▲蛋形外星人和UFO的重现示意图

观察蛋形UFO的透明墙壁，可以看到两个身长约为90厘米的外星人。他们看上去就像法国米其林轮胎公司的吉祥物，头上还戴着头盔。

冲击度★★★★★ 【发现地点】留尼汪岛 【目击年份】1968年

当时，UFO里的一个外星人看着另一个外星人，另一个外星人转头看着冯提鲁。接着，UFO突然发出强光。冯提鲁感受到强光和高温时，UFO扬起阵阵狂风。这一切发生在数秒间！巨大的蛋形UFO和那两个外星人瞬间就从冯提鲁眼前消失了。据说，冯提鲁说出自己的这段经历后，许多人不认为他在说谎，反而觉得他说的话有一定的可信度。

077
外星人
UFO

穿着银色外装的外星人

警察局局长遇到外星人

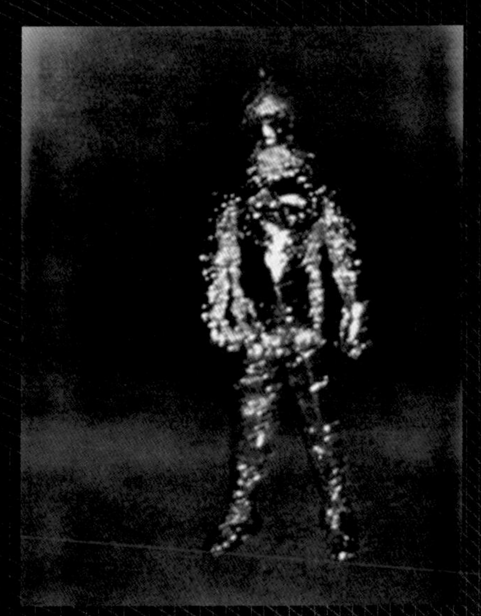

◀格林霍拍摄的银装外星人

冲击度 ★★★★★ 【发现地点】美国 【目击年份】1973 年

1973 年 10 月 17 日晚上 10 点过后，美国亚拉巴马州福克维尔的警察局接到报案，内容是“农场里有一架UFO着陆”。

收到通知的杰夫·格林霍局长前往农场时，在昏暗的道路上发现疑似外星人的可疑人物。当时，格林霍用拍立得拍下了外星人，即本页上方的照片。

这个外星人身长约 1.5 ～ 1.8 米，拥有人类般的体格，全身仿佛包着铝箔纸。格林霍出声叫住它时，它没有给予任何回应，但警车的警示灯开始闪烁时，这个外星人立即离开了现场。

由于这是警察局局长提供的证词，因此颇具可信度。也许真的有外星人搭乘UFO降落在地球上，不过真相至今仍然没有人知道。

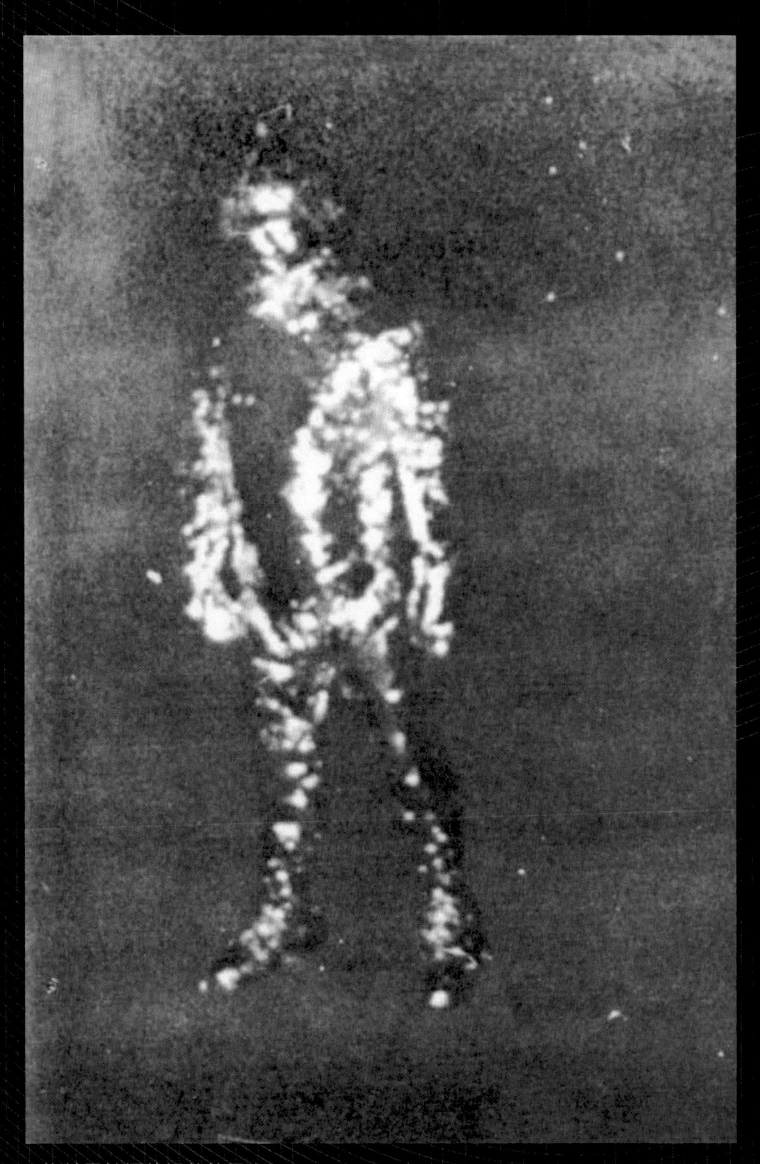

▲格林霍拍摄的银装外星人

第4章 令人惊愕的外星人照片和目击事件

比利时的外星人

戴着头盔的怪人现身

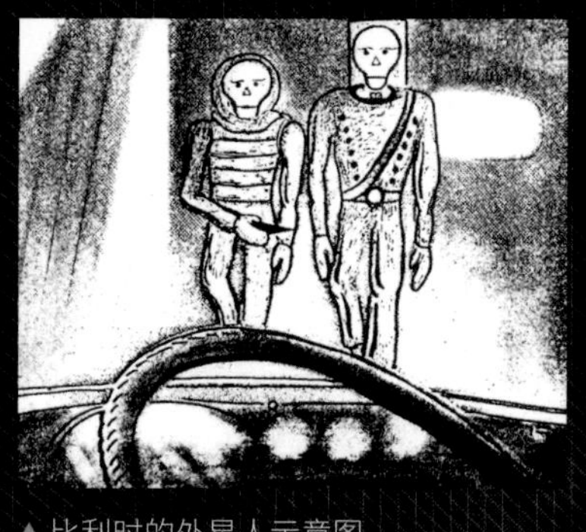

▲比利时的外星人示意图

1974年1月7日晚上8点40分左右，比利时发生了一起外星人目击事件。当时，一个比利时男子正驾车行驶在公路上，但他驾驶的汽车的车灯突然熄灭了，引擎也熄火了。

他往外一看，发现距汽车约150米处，一架发出淡淡的橙色光芒的UFO降落在原野上。同时，他

冲击度★★★★★ 【发现地点】比利时 【目击年份】1974年

看到汽车前方约30米处，出现了两个诡异的人影，正用缓慢的步伐接近他。

两个人影一高一矮，就像大人带着小孩。矮的那个头上戴着圆形的头盔，高的那个戴着像方形箱子的头盔。仔细看，能看出那两个“人”长得并不像人类。

过了一阵子，那两个“人”忽然掉头，往UFO走去。它们走路的样子相当不自然，明明走在凹凸不平的地面上，却用滑行般的方式移动到UFO旁。它们上了UFO，升到空中，不知去向。

发出橙色光芒的外星人

日本首次拍到外星人的照片

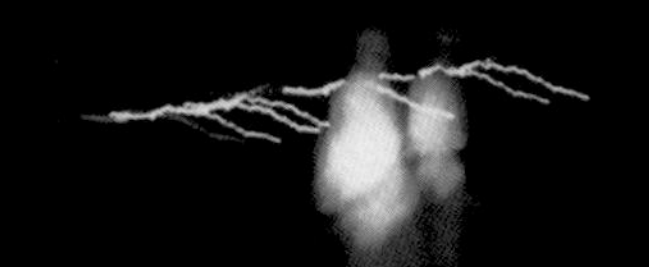

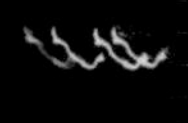

◀ 在水平移动的似闪电的光中能看到用滑行的方式移动的外星人。虽然照片中有两个人影，但据说其实是一个实体

冲击度 ★★★★☆	【发现地点】日本 【目击年份】1975 年

1975 年 3 月 31 日，经营照相馆的 49 岁的S先生在日本爱媛县川之江市拍到了外星人。当时，他看到离他家很近的填埋地有一幕奇妙的景象。

在黑暗的夜色中，前方突然掠过一道闪光，随后部分天空变成了橙色。接着，一团呈现人类姿态的光芒随着电流声出现在黑夜中。

S先生说，那团光芒看起来像穿着特殊服装，头上还戴着头盔的人。那团光芒在水平移动的似闪电的光中滑行。移动了大约 10 米，就突然消失了。

霍普金斯的怪物

银色的小型外星人袭击农场

1955年8月21日晚上，美国肯塔基州霍普金斯的萨顿农场发生了一件古怪的事。

晚上7点左右，比利·泰勒外出打水的时候，看到有一个发光体降落在山谷里。他回到家，将自己看到的事告诉众人，却没有一个人相信他说的话。

当天晚上8点半过后，院子里的狗开始不断地叫。泰勒和萨顿家的儿子出门查看究竟发生了什么事，结果看到浮在空中的怪物正在靠近。

那些怪物的身高约为1.5米，在黑暗中发出银色的光芒。它们的耳朵和眼睛都很大，细长的双手上长着锐利的爪子。

冲击度 ★★★★★ 【发现地点】美国 【目击年份】1955年

▲ 农场怪物的重现示意图

让人惊讶的是，农场的居民朝怪物开枪，怪物们并没有退缩，随后突然消失在黑暗中。

农场的居民以为威胁消失了，但这其实只是开始。后来，那些怪物数次返回农场，袭击居民。

萨顿农场的居民说，当时突然出现好几只怪物，盘踞在屋外。他们冷静地想了想，认为极有可能是因为怪物的移动速度太快了，使他们产生了怪物有很多的错觉。但不管怎么说，袭击萨顿家农场的怪物绝对不是他们见过的生物。

泰勒对怪物射了 200 多颗子弹，但似乎没什么效果。怪物自行消失后，萨顿农场的居民才报警。

▲ 在窗外窥视的霍普金斯怪物和用枪迎击的泰勒（再现示意图）

警方火速赶到现场，却怎么也找不到怪物曾在该地出没的证据。

对这起事件持否定看法的UFO专家认为，那天晚上的怪物很可能是猴子、猫头鹰等动物，但这种推论和萨顿农场的人的见闻明显不符。这起事件最后被视为超自然神秘事件，后来那里再也没发生过相同的事。

弗拉特伍兹怪物

可能是外星人的机械兵器

1952年9月12日，美国西弗吉尼亚州的弗拉特伍兹同时出现了UFO和怪物。

那天的黄昏时分，一群男孩在足球场玩耍。他们看到一个发光体从天而降，并且着陆于山丘。这群男孩回到梅伊兄弟家，将他们看到的景象告诉了梅伊兄弟的母亲凯瑟琳·梅伊。他们和凯瑟琳以及尤金·雷蒙一起前往山丘，打算一探究竟。

他们到达山丘，发现有个东西立于雾气中。该物体中央有一个直径约为7～8米，像火球般的东西一边闪烁，一边发出如同人类喃喃自语的声音。雷蒙用手电筒往雾中照去，众人看到一个身长约为3米的巨大的怪物站在大栎树下。

冲击度 ★★★★★ 【发现地点】美国 【目击年份】1952年

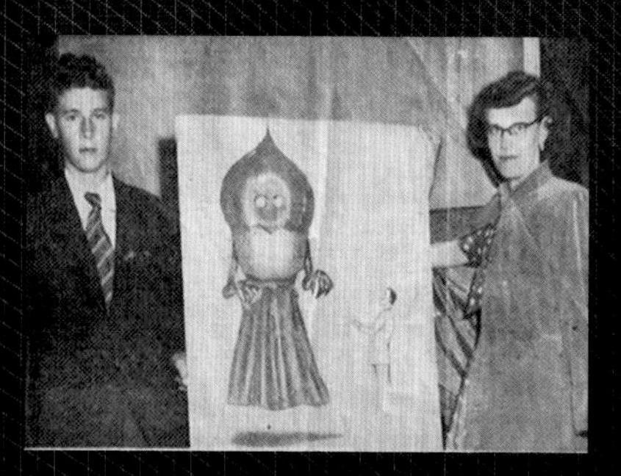

▲ 接受当地报社采访时，拿着怪物图片的凯瑟琳·梅伊（右）和尤金·雷蒙

那个怪物看起来不像地球上的生物，目露青光，脸庞一片通红。它穿着僧袍般的袍子，头部很像扑克牌里的黑桃。它的双手非常纤细，前端有钩爪。更诡异的是，怪物的身体保持着飘浮状态。

突然，怪物发出咻的一声，开始对周围喷射奇怪的恶臭气体。他们见状，吓得拔腿就跑。回到镇上后，他们立刻打电话报警。大约1小时后，警察赶到了现场，但当时众人看到的诡异怪物和带火球的UFO早已消失了。

此事件过后，数名目击者有鼻子疼和喉咙疼等症状。据说，经过医生的诊

▶ 出现在雾中的疑似UFO搭乘者的外星人。据说它的身高有3米，并且可以飘浮于空中

断，发现他们曾吸入了类似芥子气的气体。

当时飘浮在空中的怪物是不是外星人呢？在后续的调查里，有人猜测弗拉特伍兹怪物很可能是外星人的人形机械兵器。

▶ 根据2002年的调查画出的怪物示意图

卡尔·希格顿事件

被带到外星人居住的星球上

1974年10月25日，石油工人卡尔·希格顿在美国怀俄明州罗林斯的梅迪辛博国家森林猎鹿。

发现鹿群后，他瞄准并扣下扳机。然而，他射出的子弹飘浮在枪支前端，然后无力地在15米远的地方落下。希格顿被眼前发生的事吓到了，身体无法动弹。

就在此时，希格顿忽然听到某种东西正慢慢地走近他。希格顿注视着声音的来源，看到森林中多了一个“人”。希格顿因此处有其他人

▲ 陈述事件经过的希格顿夫妇

冲击度 ★★★★★ 【发现地点】美国 【目击年份】1974年

◀ 这是希格顿射出的被神秘力量干涉而掉在地上的子弹。可以做证物的东西

类而感到安心，但就在他打算向那个“人”求助时，他发现走过来的根本就不是人类。

那个生物身高约为1.8米，从头到脚一片漆黑，腰带上有星星状的扣环。它的皮肤是黄色的，眼睛很小，没有下巴，龅牙露在外面。此外，它的头发向上竖起，头部还有天线般的突起物。最让希格顿印象深刻的是，它的手腕处长着锐利的尖刺，走路时呈外八字。

▲ 自称亚乌梭的外星人是一种和人类相似的外星人

它用心电感应告诉希格顿，它是一个名叫亚乌梭的外星人。随后，它把希格顿带到了UFO里的方形房间。

亚乌梭将希格顿固定在椅子上，为希格顿戴上有6组编码的头盔。亚乌梭将控制把手拉下，房间开始往上升。没过多久，房间又降落至地面。这时，希格顿发现外面有一座高约30米的塔形建筑，周围还有一些和人类十分相似的生物。亚乌梭说，希格顿来到了距离地球十六万三千光年的星球。

接着，希格顿被带进高塔中。在3～4分钟的身体检查后，亚乌梭对希格顿说：“你不是我们想要的人类。”然后把希格顿送回了地球。

后来，希格顿失去了意识。晚上11点30分左右，他在猎鹿的森林里被搜救队找到了。

无脸怪外星人

被强制拔除体毛

▲迪亚斯事件的重现示意图

阿根廷布兰卡港有一位名叫卡罗斯·阿尔贝特·狄亚斯的男子。1975年，他意外地成为一起UFO绑架事件的主角。

那天，他突然被一阵强光照耀，身体开始处于麻痹状态。接着，他发现自己被某种强有力的力量逐渐带往上空。大约飘浮到3米高的地方，他便失去了意识。当他醒来时，发现自己被关在一个半透明的球体里。后来，

冲击度 ★★★★★ 【发现地点】**阿根廷** 【目击年份】**1975年**

3个人形生物走了进来。那些生物身材纤细，脸部是绿色的，没有五官，也没有头发。它们没有手指，手臂可以大幅度扭曲。进入球体后，它们便立刻开始用奇怪的双手将迪亚斯的头发和胸毛拔掉。它们的手臂前端有类似吸盘的构造，可以牢牢地抓住迪亚斯的体毛。

在这个过程中，迪亚斯逐渐陷入昏迷。醒来后，他发现自己倒在草丛中。所幸迪亚斯被路过的人送到了附近的医院，接受身体检查。根据医生的检查结果，迪亚斯有大量体毛被人为拔除。奇怪的是，迪亚斯被发现的地点，竟然距他家约780千米。

伊尔克利的绿色外星人

小矮人把地球人的记忆消除了

右图是1987年12月1日上午7点，于英国伊尔克利丘陵拍摄的照片。摄影者是某个居住在美国的不明人士。本书将该摄影者代称为E。

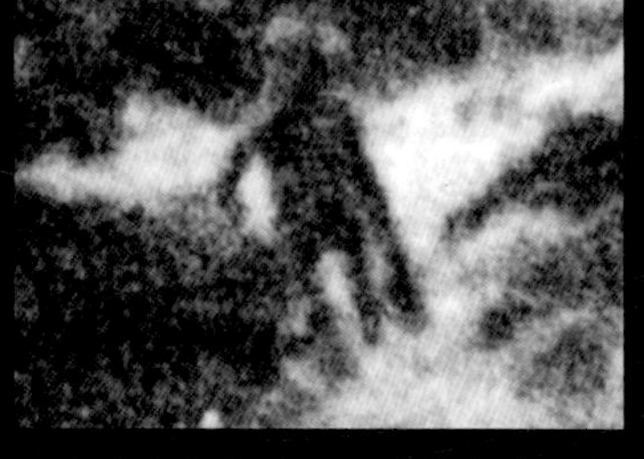

▲ 出现在伊尔克利丘陵的绿色外星人。由照片可知，这个外星人的手臂非常长

那天，E走出家门，准备前往亲戚家。他打算在路上拍一些风景照，便带着相机出发了。

E在伊尔克利丘陵顶部眺望风景时，发现下方3米处有一个绿色的小生物。就在E疑惑那是什么生物

冲击度 ★★★☆☆	【发现地点】英国 【目击年份】1987年

时，他的手不知不觉地按下了快门。那个生物动了动右手，仿佛在对E说“快给我走开”一样，接着便突然消失了。据说，当时有一架银色的UFO将该生物载走，飞向天际，不知所踪。

后来，E发现自己回到镇上的时间是上午10点之后。换言之，约3小时的时间莫名消失了。过了一段日子，他才想起，在那段消失的时间里，其实他被外星人带进了UFO。他还想起UFO里有四五个

外星人拉玛

用心电感应和人类交流

▲ 休巴接触的外星人拉玛。由于摄影时逆光，只能隐约看见拉玛的身影

巴西圣保罗州的乔安·巴雷利奥·达·休巴宣称自己曾在1982年11月29日，搭乘出现在家中庭院的UFO，进行太空旅行。

左上方的照片据说就是休巴在太空旅行时拍下的照片，照片中有外星人和UFO。从这张照片中不但可以看见外星人居住的环境，也可以看出外星人的上半身隐约散发出光芒。

冲击度 ★★★★★ 【发现地点】巴西 【目击年份】1982 年

根据休巴的描述，这个外星人的皮肤是白色的，长相几乎和地球人相同。不过它不用嘴巴说话，而是用心电感应和地球人沟通。这个外星人自称拉玛。

到1984年为止，休巴总共和外星人接触了5次。在这些经历中，他不但从外星人那里听到了关于地球未来的警告，还从太空中得到了一种拥有神秘力量的石头。

1989年9月27日，苏联发生了一起群众目击UFO事件。傍晚6点30分，一群在沃罗涅日市的公园里玩球的男孩忽然发现天上飘浮着一个发光体。那是一个发着红光，直径约为10米的球体。这个球体在空中一边旋转，一边消失了。

▲ 沃罗涅日机器人形外星人和UFO的重现示意图

数分钟后，UFO重新出现，更多居民看到了

冲击度 ★★★★☆ 【发现地点】**苏联** 【目击年份】**1989年**

UFO。UFO着陆时，伸出脚架，缓缓地降落在地面上。UFO着陆后，底下的舱门打开了，一些长相奇特的外星人从UFO里走了出来。那些外星人身高约为3米，头大，身体小，脸上有3只又宽又大的眼睛，每只眼睛里都闪着白色的光芒。它们的模样就像机器人一样。

突然，一个外星人用枪指着其中一个男孩，被指着的男孩凭空消失了！外星人和UFO消失后，原本消失的男孩又凭空出现了。

目击整起事件的男孩们在描述UFO的特征时，说该UFO上印着和汉字“王”很像的记号。

白雾般的外星人

▲布鲁克拍摄的“幽灵”外星人

据说有一种外星人会在空无一物的空间里突然现身。由于这种外星人的身体如同幽灵般，拥有能穿透物体的性质，所以被称为“幽灵”外星人。

冲击度 ★★★★★ 【发现地点】**荷兰** 【目击年份】2004 年

2004 年 5 月 6 日早晨，荷兰的罗伯特·邦恩·迪恩·布鲁克因为觉得室内有某种东西存在，便随手拿起相机在家中客厅拍照。突然，他听到虫鸣般的叫声，然后房间里浮现出一团白雾般的东西。

布鲁克仔细地观察，发现那团白雾开始聚集于某处。后来，白雾呈现人形，中间有一颗很大的头，脖子特别细长，还能看到头上有眼尾上扬的大大的黑眼睛，和“小灰人”十分相似。布鲁克并没有觉得不可思议或感觉恐怖。不过，这团白雾的来历依旧是个谜。

半透明的外星人

中国台湾地区的警察偶然拍到的外星人

▲ 中国台湾地区的警察拍摄到的外星人

◀ 将照片放大，能看见一个奇怪的生物正往左走

冲击度 ★★★★★ 【发现地点】**中国** 【目击年份】**2011 年**

2011 年 5 月 14 日，警察陈咏锽在中国台湾地区东南部的嘉明湖附近意外拍到了一个半透明生物。

这张照片是陈咏锽用手机拍摄当地美景时，偶然拍到的。根据照片，可以推测出这个生物的身高超过 2.5 米。假如这张照片不是伪造的，那么可以推断其并非地球上的生物。

也许这个半透明的外星人和可以突然现身的“幽灵”外星人属于同一个种类。

『变形怪』外星人

身体能随意伸缩的生物

▲ 照片中的大楼屋顶出现了外星人，它身材细长，身体能够不断地伸缩

2008 年 1 月的某天，两个学生走在墨西哥瓜达拉哈拉的街上，忽然看到空中有个诡异的人影在移动。他们仔细一看，发现那个人影没有使用任何装备，而是直接从空中降落。之后，那个人影以缓慢的速度降落在大楼的屋顶上。

冲击度 ★★★★★ 【发现地点】墨西哥 【目击年份】2008 年

其中一个学生刚好带了相机，因此拍下了当时的画面。人们无法考证那个神秘的人影是用什么方式着陆的。它的体形十分古怪，身高超过 2 米，脖子特别细长，头部看起来十分扭曲。而且，该外星人的身体能随意伸缩，可能是一种名为“变形怪”的外星人。

据说，自 21 世纪以来，在墨西哥目击空降外星人的报告与日俱增。

圣佩德罗山的木乃伊

来自太空的外星人

右图中是一具脸上满是皱纹，眼睛、鼻子、嘴巴都很大，看起来像中年男子的神秘木乃伊。

这具木乃伊的身高仅为35厘米，发现时间为1932年，地点为美国怀俄明州圣佩德罗山的溪谷，发现者是在当地采掘黄金的矿工。

▲圣佩德罗山的小矮人木乃伊

冲击度 ★★★★★ 【发现地点】美国 【目击年份】1932年

从埋葬方式颇具仪式性以及埋葬地点来看，有人认为这可能是美国原住民祖先的遗体。但是，它的体形实在太小了。

这具木乃伊被送到位于美国纽约的美国自然博物馆，专家用X光进行分析，发现它确实是某种生物的遗体。经过哈佛大学的调查，估计这具木乃伊的年龄为65岁。

然而，无论怎么调查，都不知道这具木乃伊的真实身份。有些UFO专家推测，它很可能是来自太空的外星人。可惜的是，持有这具木乃伊的人逝世

外星爬虫人

伪装成人类生活在地球上

据说有一种自古以来就存在于地球上的爬虫型外星人，平时伪装成人类生活在我们身边。这种生物名叫外星爬虫人，又称爬虫型类人类。虽然这种生物的存在无从查起，不过有人推测，他们的真面目是全身覆盖着绿鳞，如同半鱼人般的古怪生物。

1999 年 9 月，美国田纳西州的一个退役海军司令拍到了一个全身笼罩在橙色光芒中的外星爬虫人。近年来，还有人拍到疑似外星爬虫人的人。

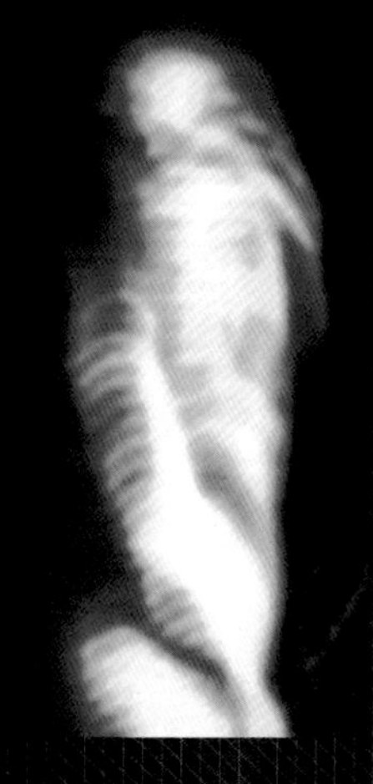

▲ 发光的外星爬虫人，拍摄于 1999 年 9 月

冲击度 ★★★★★ ｜【发现地点】**世界各地**【目击年份】**不详**

据说外星爬虫人的故乡在天龙座α星，来地球是为了将自己的文明转移到地球上。它们在地球兴建地底都市，并且开展侵略人类的计划。

▲ 外星爬虫人的照片，详细出处不明

屋顶上的外星人

大白天出现在民宅的『小灰人』

2007 年 3 月，墨西哥蒙特雷郊区的一座小镇上发生了一起外星人目击事件。目击者是 15 岁的女孩莉莎。那天，她的双亲出门了，让她独自留在家中写作业。突然，她听到二楼屋顶上传来了脚步声。

▲ 视线对着相机的外星人

冲击度 ★★★★★ | 【发现地点】墨西哥 【目击年份】2007 年

莉莎以为是双亲反对她交往的男朋友来看她，便想吓吓男朋友。她拿着相机，等待脚步声的主人现身。

在按下快门的那一瞬间，莉莎看到的是上图中的画面。她被吓得不知所措，飞快地往一楼逃窜。莉莎不知道那个外星人后来有什么行动，她往屋外看，也没有看到任何外星人的踪迹。

那个外星人究竟出于什么样的目的出现在莉莎家的屋顶上，至今是一个谜团。

外星人与UFO研究学

外星人是未知生物吗

属于巨型兽人的大脚怪和吸血怪兽卓柏卡布拉等未知生物，在地球上算是特别的生物。这些未知生物出现的场所常常会出现UFO。有人大胆推测，这些未知生物可能是外星人的宠物，和外星人一起搭乘UFO来到地球。基于这样的推测，有人将未知生物称为外星动物。

下面要介绍几种被大众视为外星动物的知名未知生物。

卓柏卡布拉

主要出没于波多黎各和北美洲大陆南部的未知生物。会用尖锐的爪牙和细长的舌头袭击羊、马等家畜，并吸食猎物的鲜血

天蛾人

出现在美国东部城镇的怪物。没有头部，翅膀上方有一双发着红光的大眼睛。据说天蛾人出没时，常常会出现UFO，附近的居民对此十分恐惧

大脚怪

目击地点以北美洲的山区为中心。除了脸部，大脚怪全身都长着浓密的体毛。据说有时大脚怪会和UFO一起出现

天空飞鱼

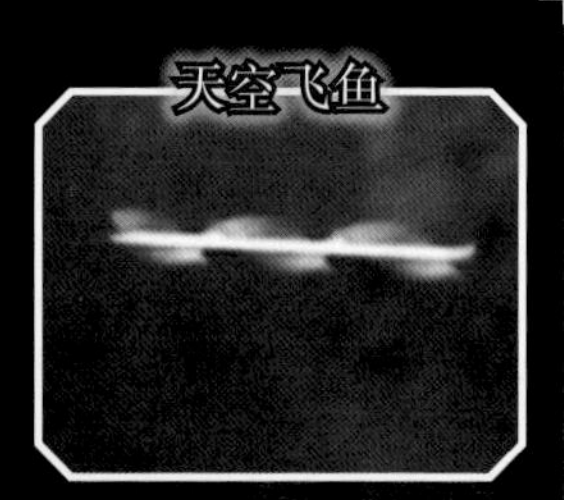

出没地点主要集中在美国和墨西哥。这种生物会用每秒 80～150 千米的速度飞行。由于速度太快，一般人无法用肉眼看见

多佛恶魔

出现在美国波士顿郊外宁静住宅区的怪物，巨大的头部十分醒目

青蛙人

身高 1 米多的怪物，出现在美国。其特征为头部像青蛙、皮肤又黏又湿以及四肢长着蹼

第5章 恐怖的外星人绑架事件

外星人不但会绑架人类，而且会对人类进行人体检查，甚至会将人类的记忆消除。本章将介绍典型的外星人绑架事件！

希尔夫妇绑架事件

失去记忆的2小时

1961年9月19日晚上11点过后，美国新罕布什尔州发生了一起外星人绑架人类的离奇事件。被绑架者是住在朴次茅斯的巴尼·希尔和贝蒂·希尔夫妇。那天夜里，从加拿大度假回程的途中，坐在副驾驶座上的贝蒂看到夜空里有一团蓝色的光。

她说："那团光是怎么回事？"巴尼看了看，说："可能是流星或者人造卫星吧？"实际上，接近他们的是UFO。

他们将车停下，贝蒂用望远镜偷偷观察UFO。那架UFO呈平坦的圆盘形，上面有窗户般的结构，可以看到UFO里面有数个人影。

巴尼用望远镜观察时，赫然发现UFO里的人影

冲击度 ★★★★★ 【发现地点】美国 【目击年份】1961年

并不是一般的人类，塌陷的鼻子十分丑陋，眼尾上扬，模样十分诡异，怎么看都是外星人。最骇人的是，其中一个外星人的目光居然和用望远镜观察的巴尼对上了。

此时，希尔夫妇惊恐万分，决定立刻回到车上，逃离现场。但是，那架UFO发出轰然巨响，追了上来。希尔夫妇拼命地开车逃跑，车后传来哔的一声，随后他

▲根据希尔夫妇的记忆绘制的速写，此生物的模样和"小灰人"很相似

们便失去了意识。

希尔夫妇醒来后，发现自己像没发生过什么事一样，正开车在道路上行驶。贝蒂看了看路标，觉得有些异常，因为他们观察UFO的地点位于距此处56千米的南方小镇。回到家中，他们发现比预定到达的时间晚了2小时，而且希尔夫妇完全想不起那段时间的记忆。此外，巴尼的鞋跟出现了莫名的磨损，贝蒂的衣服也有奇怪的裂口。

▲ 希尔夫妇当年看到的UFO，此为重现示意图

后来，不知为何，希尔夫妇每晚都会做噩梦，他们十分困扰。3年后，他们前往美国波士顿接受精神科医生本杰明·西蒙的治疗。据说，在医生催眠疗法的帮助下，希尔夫妇想起了那2小时的记忆。

▲ 希尔夫妇正在接受医生的催眠治疗

在那2小时里，希尔夫妇被绑架至UFO中，外星人采集了他们的指甲和毛发，还对他们的部分皮肤进行分析、检验。在这之后的记忆又消失了，接着就是回到车上的记忆。另外，贝蒂在UFO里看到了外星人使用的星图。接受催眠疗法的治疗后，贝蒂重绘了当时看到的星图，图中有至今未发现的星体。

虽然催眠疗法不见得可以让人找回真实的记忆，但如果希尔夫妇找回的记忆是真的，那就代表他们经历了一起相当恐怖的外星人绑架事件。

帕斯卡古拉绑架事件

被全身都是皱纹的外星人强行检查身体

▲ 正在说明被外星人绑架的经过的希克森（左）和帕克

1973 年 10 月 11 日，美国密西西比州的帕斯卡古拉发生了一起两个男子遭外星人绑架的事件。被绑架者是造船厂的员工查尔斯·希克森和卡尔文·帕克。那天晚上，他们在河边钓鱼。

晚上 9 点，希克森忽然听到一阵“咻咻”声。他抬头一看，发现一架蓝白色的椭圆形UFO正朝他们飞来。这架UFO随即降落在附近的河岸。UFO高

冲击度 ★★★★★ 【发现地点】**美国** 【目击年份】**1973 年**

约 2～4 米，宽约 3 米。上面并没有类似大门的结构，却在希克森和帕克没有注意的情况下，出现了三个外星人。

外星人的身高约为 1.5 米，皮肤是青白色的，而且满是皱纹。它们的手像螃蟹的钳子、头部两侧长着尖尖的耳朵，眼睛就像裂开的细缝，小小的鼻子下长着大洞般的嘴巴。看到这诡异的景象，希克森全身僵硬，帕克则因惊吓过度而当场昏厥。

后来，他们被外星人带进了UFO中。希克森在里面处于悬空的状态。接着，出现了一个直径大约为 25 厘米，外观类似大眼珠的物体，花了大约 20 分钟的时间不断地扫描希克森和帕克。希克森和帕

出现在帕斯卡古拉的机器人形外星人。据说它们的皮肤像大象般满是皱纹

克醒来后，发现他们躺在岸边。

也许那些乘坐UFO来到地球的外星人并不是为了和人类交流而接触希克森和帕克的，只是想进行生物学上的观察。

后来，他们的遭遇传到警察局，此事件也被刊登在报纸上，成为十分轰动的话题。为了调查该事件的真相，约瑟夫·艾伦·海尼克博士和詹姆斯·哈达博士使用测谎仪对希克森和帕克进行测试，得出以下结论："虽然无法确切查明事件的真相，不过我们肯定的是，他们经历的恐怖事件的确是事实。"

民间UFO研究团体空中现象调查机构的调查报告显示，那个检查身体的仪器其实是外星人送到地球的机器人。

崔维斯·瓦尔顿绑架事件

消失时间长达5天

1975年11月5日黄昏时分，美国亚利桑那州的7个伐木工人结束了当天的工作，开车回家。

途中，他们看到森林里的某处空地上距地面约4～5米的空中居然飘浮着一架UFO。他们停车观察，发现这架UFO的外形看起来像两个碟子合在一起，直径大约有4.5米。它发出微弱的黄色光芒，不时发出“哔哔”声。

伐木工崔维斯·瓦尔顿不顾工头的阻止，打算下车观察那架UFO。突然，UFO朝瓦尔顿射出了一道蓝绿色光线，瓦尔顿的身体立刻浮在空中，接着摔到了地上。其他人看到这个景象，惊慌失措地开车逃跑，丢下了瓦尔顿。

冲击度 ★★★★★ 【发现地点】美国 【目击年份】1975年

他们回到原处时，发现瓦尔顿消失了。第二天，为了找出瓦尔顿的下落，50多名警察进行大规模搜山行动，最终什么也没找到。警方也没有在现场找到UFO留下的痕迹。他们认为瓦尔顿的同事们有谋杀的嫌疑，开始对他们进行调查。

▲ 被外星人绑架的崔维斯·瓦尔顿

所幸在该事件发生后的第5天，瓦尔顿的妹妹接到了他打来的电话。瓦尔顿回家后告诉了大家他这5天的经历。

“当我恢复意识时，发现自己躺在某个房间的桌子上，旁边围着3个外星人。它们的身高大约为1.5米，没有头发，也没有眉毛。它们的眼睛异常大，嘴巴和耳朵却很小，还长着一个丑陋的塌鼻子。它们离开房间后，我就逃出了那个房间。我看到别的房间里还有3个另一种

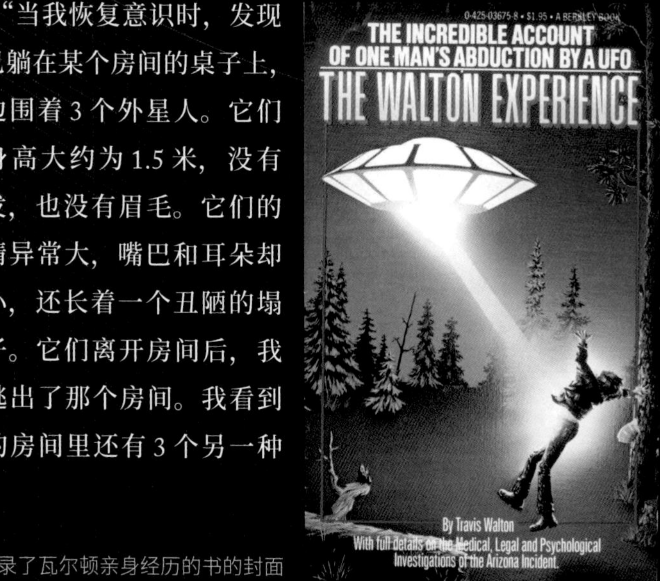

记录了瓦尔顿亲身经历的书的封面

类型的外星人。后来，我被它们捉回去了。它们给我戴了一个类似氧气罩的东西，我便陷入了昏迷。醒来时，我只知道自己躺在高速公路上。我发现附近有电话亭，于是马上打电话给我妹妹。”

瓦尔顿的奇妙经历引起了许多UFO专家的讨论，但这个事件的真相至今依然不清楚。

根据瓦尔顿的证词画出的外星人重现示意图

艾伦·戈德弗雷绑架事件

被外星人带进UFO

1980年11月28日早上5点过后，英国兰开夏郡的警察艾伦·戈德弗雷正开着警车寻找下落不明的牧场牛只。途中，他看到了奇妙的景象。

那是一个发光体，外形像泄了气的气球，在空中飘浮着。其侧面有5扇黑色的窗户，排成一排，窗户以下的部分不停地旋转着。

也许是因为发光体的下半部分一直在旋转，周围的树木一直处于摇晃的状态。该发光体的宽约为6米，高约为4米。仔细看，可以发现这个物体是金属制成的。看到这个物体，戈德弗雷打算通知同事，但无线电突然失灵了，他只好用记录事故的笔记本将发光体画下来。然而，下一个瞬间，他发现周围的景色变化了，原来警车不知不觉间往前行驶了大约100米，驶离了那个物体所在的场所。戈德弗雷连忙掉头，发现发光体消失了。

冲击度★★★★★ 【发现地点】英国 【目击年份】1980年

后来，戈德弗雷发现自己失去了大约15分钟的记忆。通过催眠疗法，他找回了当时的记忆。在记忆中，那架被他画下来的UFO对他发射光线，被光线笼罩的

▲发光体的重现示意图

▲ 凭恢复的记忆画出外星人和UFO的艾伦·戈德弗雷

戈德弗雷就这样莫名其妙地被带进了UFO。

他在UFO里看到一个外表与地球人极其相似的蓄着黑胡子的外星人。那个外星人说它叫约瑟。后来，约瑟用两个婴儿般大小的机器人扫描戈德弗雷的身体。

以上就是戈德弗雷找回的记忆，但警车究竟是什么时候移动了 100 米这个问题，依然无从查证。

此外，大众也无法判断戈德弗雷的记忆是否真实。他的经历被媒体报道后，许多人都认为他说的一切只是一场梦。

除了戈德弗雷，后来也有其他人在当地遇到相同的事件，那里因为UFO出没而成为一个知名的地方。

赛尔吉—蓬图瓦兹绑架事件

法国UFO绑架事件

1979年11月26日凌晨3点半，法国赛尔吉—蓬图瓦兹的一座公寓前，3个青年打算开车出门。他们分别是约翰·皮耶尔·普雷波、弗兰克·冯特努以及萨洛蒙·努特耶。

▲ 根据三人的证词画出的发光体示意图

突然，冯特努发现天上有一个发光物正急速靠近他们。努特耶和普雷波见状，立刻跑回公寓拿相机，留冯特努一人在车上。他们俩回到公寓，突然听到屋外传出奇怪的声响。他们往窗外看，只见一

冲击度 ★★★★★ 【发现地点】法国 【目击年份】1979年

个巨大的光球笼罩着汽车。他们急忙跑出屋外，看到光球的形状突然变为圆筒状，并且急速地往天上走，留在车上的冯特努失去了踪影。

为了搜寻冯特努，军方和警方联手进行调查，这起UFO绑架事件成为许多媒体争相报道的新闻。

▲ 警察在公寓附近搜寻冯特努的下落

但是，无论如何搜索，始终找不到冯特努的下落。事件发生一周后，冯特努居然平安归

来了。虽然他丧失了失踪期间的记忆，但据说他回来后陆续做了一些奇怪的梦，因此渐渐地找回了失去的记忆。

“当时，我躺在一间用不透明的玻璃搭成的房间的床上，床上有很多机械，天花板上偶尔会浮现奇怪的文字。两个像小球一样的外星人出现在我面前，给我讲地球面临的难题以及解决方法。

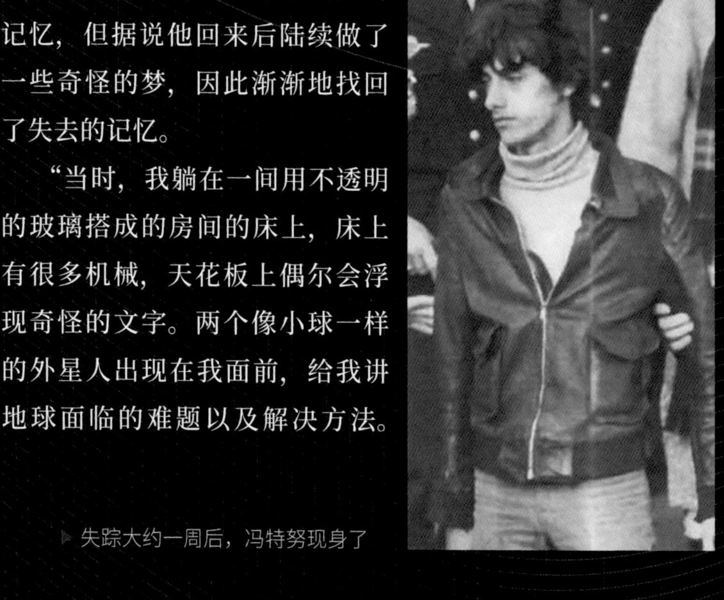

失踪大约一周后，冯特努现身了

它们还说这次经历我可以随意告诉他人，它们不会过问。”冯特努说。不过，他坚持不透露后续，而且拒绝接受催眠治疗。

普雷波接受催眠后，不但想起了绑架冯特努的外星人自称奥里奥，还想起自己和那个外星人交流过。据说，它们为了拯救地球，从太空远道而来。

很多UFO专家对冯特努和普雷波的证词感到怀疑。但是，因为找不到相关证据，无法确认他们的说辞是否为谎言。

赫伯特·席尔默绑架事件

警察的亲身体验

1967年12月3日凌晨2点半，警察赫伯特·席尔默在美国内布拉斯加州亚什兰的高速公路上巡逻，途中发现了一架UFO。当时，他发现前方有一个闪着红光的像美式足球的物体停在地上。席尔默想靠近观察，该物体却突然喷着火焰升空。

▲ 述说当时经历的警察赫伯特·席尔默

席尔默回到警察局，已是凌晨3点。从发现神秘物体的地点回警察局最多只要10分钟，这让席尔默十分疑惑。“多出来的20分钟里，我到底去了哪儿？”

冲击度 ★★★★★ 【发现地点】美国 【目击年份】1967年

那天工作结束后的早上，回到家中的席尔默觉得头痛欲裂，久久无法入眠。他不但一直听到如同耳鸣般的声音，耳朵后面还有严重的刺痛感。他用手碰触疼痛处，发现耳朵后方有一道长约5厘米的疤痕，但席尔默根本不记得自己受过这样的伤。

为了弄清楚那空白的20分钟，席尔默前往美国科罗拉多州波德市，接受心理学家利欧·斯普林博士的催眠疗法。席尔默进入催眠状态时，开始陈述他在那20分钟里做的事。

“我开车接近UFO，引擎突然熄火了，车灯也熄灭了。这时我想用无线电联络同事，但没有任何反应。我看到的那架UFO直径约为30米，里面走出了4个外星人，打算接近我。它们的身高约为1.5米，皮肤是灰色的，眼尾上扬，鼻子是塌的。它们戴着附有天线的头盔，身上穿着相当贴身的银色衣服。那时候我的耳朵很痛，其中一个外星人曾经抓着我的脖子。”

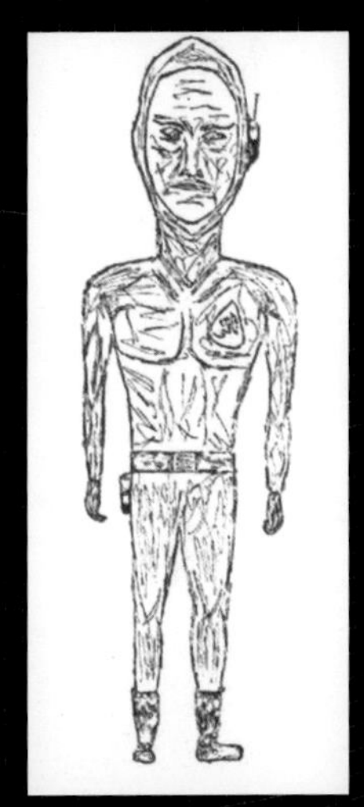

▲ 席尔默在UFO中看到的外星人（重现示意图）

席尔默说，那些外星人还用疑似激光枪的东西向他射击，使他陷入昏迷状态。醒来后，他发现自己在UFO内部。他一边看播放影像的屏幕，一边听外星人的解说。那些外星人应该就是靠头盔上的天线和席

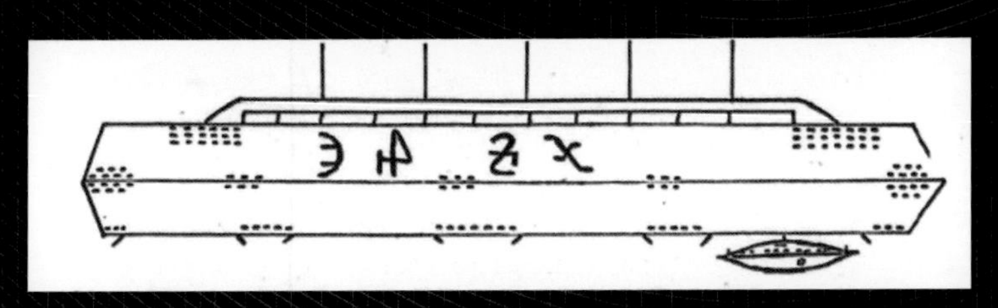

▲ 席尔默在UFO内的屏幕中看到的巨大的母舰

尔默沟通。

“我们在寻找发电厂和水坝，因为UFO使用的是电磁能，需要用电才可以顺利运转。这架UFO是供四人乘坐的观测用船，雪茄形母舰正在高空待机。我们的故乡位于银河附近，地球上有数座我们建造的海底基地……”

后来，席尔默被带出了UFO。由于这些证词出于警察之口，很多人认为有很高的可信度。

神秘的外星植入物

布兰达·李绑架事件

2005 年 12 月，美国加利福尼亚州圣莫尼卡的布兰达·李突然感觉自己的身体产生了某种变化。

她发现自己的情绪起伏很大，常常会因为一些小事和同事起冲突。有一种自己随时被人监视着的紧绷感。

最让布兰达感到难受的是入眠后时常会做噩梦，而且总是梦到相同的内容。她梦到自己的卧室被灰皮肤的生物入侵，她想跳下床逃走，身体却动弹不得。每到这个时候，梦里的她都会渐渐失去意识。

某天夜里，这些噩梦的内容居然化为现实。

布兰达的卧室被一种像螳螂的生物入侵，这种生物还将她运至庭院中。它们头上有一架发着光的

冲击度 ★★★★★ 【发现地点】美国 【目击年份】2005 年

圆盘形UFO飘在空中。这架UFO射出一道蓝色的光，罩住了布兰达，她的身体开始飘浮起来，并被运往UFO内。布兰达被放在UFO里的一张床上，她在头部被强光照射后，失去了意识。

▲ 出现在布兰达·李面前的外星人

布兰达醒来后，发现自己在卧室里，感觉很疲惫，还觉得右边的脸颊有一种不协调的感觉。

这天，布兰达刚好去了

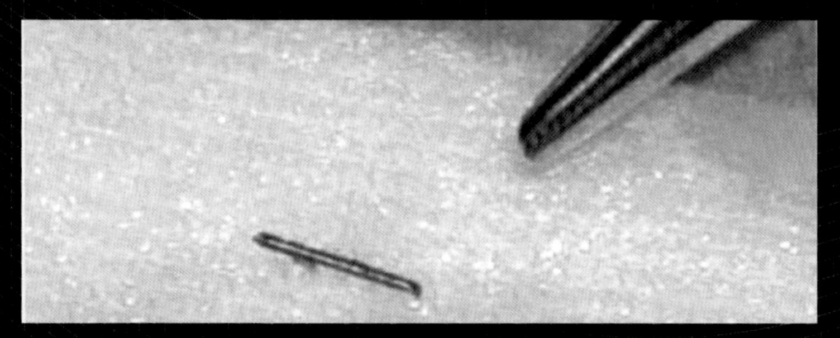

▲罗杰·里亚从布兰达·李的右脸取出的神秘异物

牙医诊所，结果发现一件惊人的事：X光检查结果显示，她的右脸颊里居然有某种异物。医生觉得事情有异，与布兰达讨论后，推荐她向住在附近的外科医生罗杰·里亚寻求帮助。里亚医生有数次帮人取出被外星人植入的异物的经验。那些异物就

是所谓的“外星植入物”。

布兰达找到里亚医生，医生立即进行诊断。他发现布兰达右脸内侧的皮肤组织里有一种成分不明的金属物，而且这个金属物还带电磁波。换句话说，这个异物居然从布兰达的脸上发出电磁波信号。

里亚医生将异物取出后，发现该物是一种类似铜棒的物体，长约6毫米，粗约1毫米。神奇的是，这个异物取出来后，电磁波也跟着消失了。

据说，外星人植入的异物一旦脱离人体，就会停止运行。从布兰达身上取出的异物，难道就是典型的外星植入物吗？外星人在布兰达身上植入某种通信装置，或许是为了调查关于人类的情报吧？

赛吉欧·布歇塔绑架事件

遇见神秘的红光

▲ 布歇塔的手机等各种装备，当时全散落在现场

2006 年 3 月 2 日晚上 9 点 20 分，阿根廷皮科将军镇的警察赛吉欧·布歇塔骑着摩托车在当地的牧场巡逻。途中，他感觉附近有异状，于是用无线电请求同事支援。

15 分钟后，布歇塔的同事来到牧场，却没有看到布歇塔。现场只留下了布歇塔的摩托车、头盔、手机、手枪等装备。同事怀疑布歇塔遭遇了不测，

冲击度 ★★★★★ 【发现地点】阿根廷 【目击年份】2006 年

▲ 回到现场，模拟经过的赛吉欧·布歇塔

紧急联络警察局。警察局立刻派遣搜救队在周边进行搜索。

翌日下午 4 点 30 分，距离牧场约 20 千米处，一个农场的工作人员发现布歇塔正站在那里发呆。布歇塔被送往医院后，医生进行诊断，发现他身上没有伤痕。

但是，布歇塔丧失了失踪期间的部分记忆。直到他找回了部分记忆，大家才知道他那天的惊人经历。

原来，3 月 2 日晚上，布歇塔巡逻时发现前方有一道神秘的红光。那道红光马上就消失了，同时布歇

案发现场附近的地上发现了某种烧焦的痕迹

荅的摩托引擎突然失灵了。无计可施的布歇塔只好停车，将头盔取了下来。就在此时，他全身被红光照射，身体无法动弹。

“虽然那道光消失后，我的身体又可以动了，但我的眼睛十分疼，还觉得头痛欲裂。那时候我很害怕，只顾拼命逃跑。”

布歇塔当时的危机并没有就此解除。因为有生物追上了他！他回头一看，竟然是一群大头红眼的矮小外星人。下一个瞬间，布歇塔感觉身体飘浮在空中。他的脑海里传来一个声音：“这只是调查寿命的实验，我们会放你走的。”接着，布歇塔陷入昏迷。醒来时，他发现自己站在一个陌生的地方。被搜救队找到后，他常常梦到自己被外星人捉住，害怕在晚上外出，据说还觉得身边有人正在监视他。

虽然布歇塔并没有找回完整的记忆，但从他找回的部分记忆来看，也许他当时被带进UFO进行了某种生物性检查吧？

被外星人绑架的记忆是真的吗

据说，美国有四百万人曾经被外星人绑架。但是，他们关于自己被外星人绑架的记忆，是真的吗?

事实上，只要仔细对比遭外星人绑架的人所说的话，就会发现大多有一种固定的模式。

首先，遇到绑架时，被绑架者多半是待在自己的房间里或车上。接着，会突然感觉周围有某种不明生物存在。发现不明生物是外星人后，通常会昏迷。被带到UFO里时，几乎都会看到“小灰人”类型的外星人。至于带进UFO的手段，大多是被UFO的光线笼罩，身体浮在空中，被吸进UFO里。关于在UFO里的遭遇，通常是接受生理性检查，体内还有可能被外星人植入异物。

被绑架者清醒后，虽然大多数会回到原来所在的地方，但被绑架期间的记忆完全消失了。直到接受催眠治疗，才能找回记忆。

然而，催眠疗法本身会让被绑架者处于容易接受施术者暗示的状态。如果施术者刻意提出某些问题，被绑架者就会在无意间编造情境。即使事实和催眠后得到的回忆有不符之处，被绑架者也不会发现自己编造了谎言。所以，在外星人绑架事件中最重要的还是能证明被绑架者记忆属实的物证，否则可信度不高。

曾经历过外星人绑架事件的希尔夫妇。此照片中，希尔夫妇正通过催眠疗法找回遗失的记忆

崔维斯·瓦尔顿被光线照射，进入了UFO内部。回到地面后，他完全忘记了那段时间里的记忆

神秘UFO阴谋论

第6章

地球上是否真的有邪恶势力和外星人狼狈为奸呢？本章将追查数起至今仍未找到真相的奇怪事件！

政府隐瞒的UFO情报

只有部分人知情的秘密

1969 年 4 月，多年来持续调查UFO的美国空军公开表示“没有任何证据证明UFO是来自其他天体的宇宙飞船”，并正式结束相关调查任务。

这是自 1951 年开始，美国空军对 18 年来的UFO调查所下的结论。但是，在这期间，他们分析了 12000 多件案例，其中约有 700 件确定为真正的UFO事件，美国空军此时的结论未免太过牵强。从 20 世纪 70 年代到 80 年代，社会上不断谣传着一种说法——“美国政府一定刻意隐瞒了UFO的真相！”

例如，1979 年，UFO专家李奥纳多·史特林菲尔德发表了一项震惊世界的研究，内容是美国空军

冲击度 ★★★★★ 【发现地点】美国 【目击年份】不详

▲ 为了用科学的方法调查层出不穷的UFO事件，美国空军于 1951 年成立经政府审批的“蓝皮书计划”组织。该组织成员将当时惯称的飞碟改称为“UFO”

曾经回收坠毁的UFO残骸及外星人遗体，并隐瞒了相关情报。

事实上，不只美国空军，美国联邦调查局、美国中央情报局、美国国防部等重要国家机构，也有关于UFO的调查记录文件。换句话说，即使美国政府公开表示结束UFO的调查活动，也不代表美国政府从此对UFO漠不关心。

1987 年，所谓的MJ-12 文件被公开了。该文件的内容为美国总统等政府高官拥有查阅美国政府持有的UFO、外星人遗体记录的权限。1990 年后，不断传出关于外星人的谣言。

“政府和外星人缔结秘密条约，政府用外星人的知识在地下基地中秘密制造新型武器。”

“作为交换，政府允许外星人屠杀家畜、绑架人类来进行

基因实验。”

诸如政府隐瞒UFO情报的推论，其实就是所谓的阴谋论。只要有人认为政府的阴谋是事实，自然就会有人认为这类推论只不过是谣言。另外，也有人认为政府的说法夹杂着事实与谎言，刻意让研究UFO情报的人无法分辨。

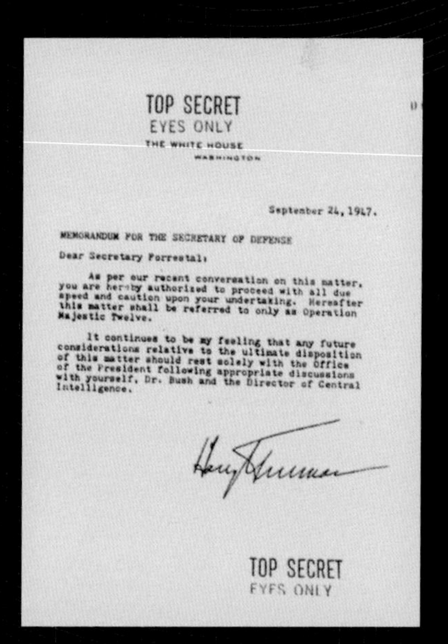

TOP SECRET
EYES ONLY
THE WHITE HOUSE
WASHINGTON

September 24, 1947.

MEMORANDUM FOR THE SECRETARY OF DEFENSE

Dear Secretary Forrestal:

As per our recent conversation on this matter, you are hereby authorized to proceed with all due speed and caution upon your undertaking. Hereafter this matter shall be referred to only as Operation Majestic Twelve.

It continues to be my feeling that any future considerations relative to the ultimate disposition of this matter should rest solely with the Office of the President following appropriate discussions with yourself, Dr. Bush and the Director of Central Intelligence.

TOP SECRET
EYES ONLY

此为MJ-12 文件。有人认为上面的总统签名是伪造的，但其真伪仍未有定论

秘密基地『51区』

地图上没有记载的地区

美国境内有一个秘密军事基地，名为“51区”，传说专门用于和外星人合作研发UFO。“51区”位于美国内华达州的沙漠地区。由于此基地的活动属于军事机密，因此美国政府从不在公共场合承认其存在。

“51区”的航空照片。可以发现里面有神秘设施和飞行跑道

冲击度★★★★★ 【发现地点】美国 【目击年份】不详

此基地本来是专门研发、实验新型战斗机和武器的设施，但是，1989年3月，美国物理学家罗伯特·兰泽发表了令人难以置信的讲话：“在‘51区’的机密设施中，藏着外星人提供的UFO。美国军方在那里专门研发或测试地球制UFO的飞行状况。”

兰泽还说，基地内的极机密文件里不但有UFO各种部位的绘画笔记，还有外星人解剖照片的报告。

暴露“51区”秘密的罗伯特·兰泽

此外，1990年，一位曾协助政府研发地球

制UFO的工程师比尔·尤豪斯公开说："'51区'基地内确实有一位被称为J罗德的外星人。J罗德的身高大约为1.5米，皮肤是灰色的，身材瘦小，看起来很孱弱。它有大大的杏仁形眼睛，没有瞳孔，就像戴着黑色的眼镜。基地里的人会向J罗德咨询UFO方面的知识与技术。"

▲ 美国空军的隐形战斗机。此战斗机科技含量远超同时代战斗机，据传为'51区'研发的武器

当然，他们的发言并没有得到证实，不过还是有很多人认为美国政府为了隐瞒先进武器的研发计划，用了许多手段，防止情报外泄。

经常有人在"51区"附近目击神秘的发光体。至今仍然没办法确认那些发光体是美军研发的新型武器还是真正的UFO。

2013年，美国中央情报局基于信息公开法，对外承认"51区"的存在。美国内华达州的地图上也因此正式标记了"51区"的位置。不过，里面是否存在地底设施，当然不会轻

外星人解剖影片

罗斯威尔事件回收的遗体记录

对怀疑美国政府隐瞒回收外星人遗体这一事实的人来说，这是令人颇为震惊的影片。

1995 年 8 月 26 日，全世界许多个国家的电视台同时播放了一部解剖外星人遗体的纪录片。

持有该影片的人是摄影师杰克·巴内特（化名）。他说，这具外星人遗体是 1947 年在坠落于美国罗斯威尔西南方原住民保留区的UFO中寻获的。解剖地点位于美国得克萨斯州的达拉斯—沃斯堡基地。据说，英国的路透社收到了 14 卷这个系列的影片，总时长为 91 分钟。美国影片厂商康达克公司经过调查，认为该影片的拍摄时间为 1947 年。

冲击度 ★★★★★ 【发现地点】**美国** 【目击年份】**1995 年**

此外，这个系列的影片中还出现了当时的美国总统哈里·杜鲁门。如果这段影片是真实的，那就表示美国政府和外星人之间有联系。

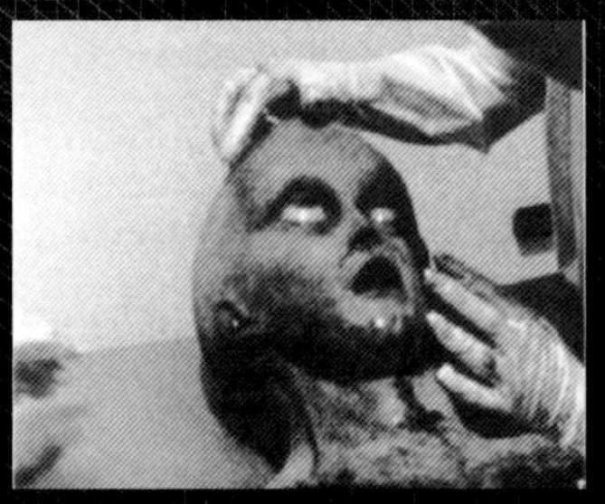

▲ 疑似医生的人在检查外星人的头部。不过，此外星人的眼睛是白色的，不符合谣传描述的外观

在影片中，疑似医生的人对遗体进行解剖。外星人遗体全身都没有任何体毛，腹部异常大。右边的大腿上有严重的创伤，还可以看出这个

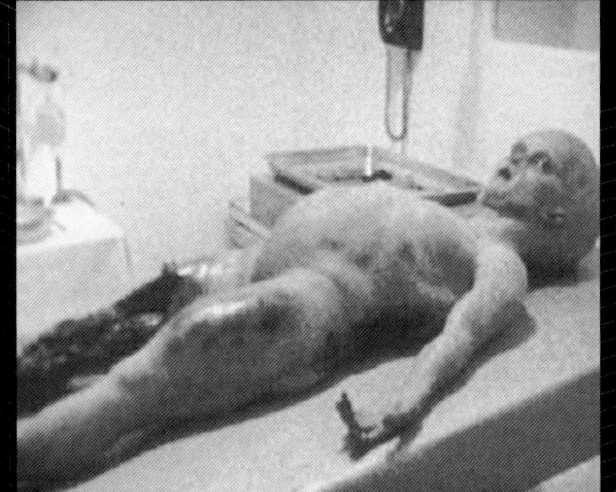

躺在手术台上的外星人遗体。遗体没有体毛，腹部圆鼓鼓的

外星人四肢上的指头都是6根。

后来，许多专家对该影片进行检验，某个电视节目甚至邀请医生、摄影师以及特效化妆专家对这部影片进行彻底调查，得出的结论为该影片是伪造的。

2006年，专门从事特效美术工作的约翰·汉弗瑞承认该影片是他制作的，让全世界受到不小的冲击。他还说，影片中的医生就是他扮演的。

不过，也有不少UFO专家认为约翰·汉弗瑞的说辞其实是美国政府的幌子，目的是操控UFO相关情报的真实性。

黑衣人

只要发生UFO事件就会现身

据说在美国目击UFO或外星人绑架案等相关事件中，常常有一群穿着黑色西装的男子出没。

这些男子一开始会用温和的态度询问目击者或当事人，并且希望给他们提供情报。但他们的好态度很短暂，不久便会以胁迫的方式说："不准把这些事说出去！"或者说："如果不肯协助我们，你的小命会不保！"

他们被称为黑衣人。从西装、领带、鞋子、袜子、墨镜到帽子，全身上下都是黑色的，甚至连他们驾驶的汽车也是黑色的，只有内搭衬衫的颜色是白色。他们的目的是防止目击者走漏风声或妨碍UFO专家等人搜集UFO相关情报等。

冲击度 ★★★★★ 【发现地点】**美国等** 【目击年份】**1953 年起**

美国的UFO专家艾伯特·贝达很久以前就公布了黑衣人的存在。1953 年，美国康涅狄格州发生了一起巨大的火球从天而降的事件。当时由贝达领导的UFO研究团体将火球的残留物回收，进行相关调查活动。但不久后，贝达收到了一则恐吓信息："我们随时都在监视你，劝你赶快收手……"

然后，某天夜里，贝达的住处出现了 3 个穿着黑衣的男子，他们用威胁的语气说："现在立刻解散你的研究团

▲ 艾伯特·贝达

体。”贝达十分恐惧，只好同意。贝达的这个案例，成为第一件关于黑衣人的公开记录。

后来，只要是关于UFO的事件，都会有黑衣人在相关地点出没的报告。这种现象不只出现在美国，就连加拿大、墨西哥、英国、意大利、新西兰、中国等地，都有黑衣人出没的传闻。

黑衣人的身份究竟是什么呢？虽然推论中有美国政府间谍说、外星人说等，但都没有关键性证据。

▲ 根据贝达的证词画出的黑衣人重现图。由此图可知，黑衣人看上去像发出古怪光芒的人类

黑衣人除了衣装都是黑色的，还有其他特征，例如走路的姿势像机械、讲话如同念稿子般生硬、口音很古怪。

▲ 在美国佐治亚州拍摄的珍贵照片，照片左侧有一个形迹可疑的黑衣人

罗斯威尔事件

UFO史上最有名且谜团最多的事件，就是1947年7月1日清晨发生在美国新墨西哥州的罗斯威尔事件。

美军在新墨西哥州的许多基地，例如罗斯威尔、阿尔伯克基、白沙等，都用雷达捕捉到了正在空中移动的不明飞行物。该物体用令人难以置信的速度持续飞行了3天。7月4日晚上9点过后，突然消失了。

军方通过雷达发现此异象后，几乎在同一个时间，罗斯威尔西北方约120千米处，佛斯特牧场附近突然天地剧变。该牧场的负责人马克·布拉索听到了巨大的爆炸声。

冲击度 ★★★★★ 【发现地点】美国 【目击年份】1947年

第二天早上，布拉索前往爆炸声的来源查探，发现地上散落着奇怪的金属片和金属棒。

马克·布拉索

7月6日，布拉索将部分金属带去了警察局。警察乔治·威尔寇克斯看到金属时，也觉得不可思议，于是前往罗斯威尔陆军机场询问该金属的来历。

陆军派遣杰西·马西尔少校和谢利塔·凯比特

此为布拉索带领杰西・马西尔（左）前往金属散落现场的再现示意图

上尉前往金属散落的地方。后来，现场被五六十个军人严格管制。所有散落在现场的物品都被军方回收了。

第一目击者布拉索在接受媒体采访后，不知为何竟遭到军方关押。在之后的5天里，布拉索接受了军方特别严厉的约谈。

“掉在罗斯威尔近郊牧场的东西是什么？”这个话题成为那一带所有人关心的问题。不过，在那之后，立刻有了答案。

7月8日，罗斯威尔陆军机场的新闻发言官华特・哈特中尉向媒体提供了惊人的情报。他说：“（军方）当天将UFO回收至基地。”

他的发言立刻被当地报社报导，随后演变成全世界都知道

在记者面前将部分UFO残骸摊开的罗杰·雷米（左）

的大新闻。因为在罗斯威尔事件发生的2周前，美国华盛顿州有一位名叫肯尼斯·阿诺德的企业家，也说自己亲眼目睹了UFO。随着军方的发言，社会上对UFO的关注程度也变得异常高。

在军方发言的数小时后，事态又出现了极大的变化。得克萨斯州沃斯堡基地第八航空司令部的罗杰·雷米准将向媒体发表了颠覆原本内容的报告。

雷米在新闻媒体面前不但公布了回收的残骸的外观，并且修正了前一次的军方公告。他说："我们回收的并非UFO的残骸，而是观测气象用的气球的残骸，这只是一起误认的乌龙事件。"

根据目击证词制作的残骸模型。这片银色的薄金属上刻着神秘的符号

最后，沃斯堡基地将回收的残骸送往首都华盛顿特区，当时的飞碟风波就这样画下了句号。

颠覆性的发言和被隐藏的真相发生在距罗斯威尔事件大约30年后的1978年。当时，UFO专家史坦顿·弗里德曼采访了在罗斯威尔事件中负责回收金属片的杰西·马西尔。

杰西·马西尔

马西尔在访谈中将事件的真相说了出来："那些东西不是气象气球的残骸，而是我们未知的物质。当年我采集到的金属

立于罗斯威尔坠毁现场的纪念碑

片，质量很轻，虽然跟锡箔差不多薄，但弯折它并不会断裂。即使敲打它，也没有任何损伤。我觉得那种金属拥有聚合物般的性质。”

“坠毁在罗斯威尔的物体，果然是地球外的物体吧？”因为马西尔的证言，原本尘封在大家记忆里的罗斯威尔之谜再度被记起。从那时开始，越来越多的人想查出罗斯威尔事件的真相。

坠毁在罗斯威尔的究竟是什么？在坠毁现场的人看到了什么东西？

1947 年 7 月 6 日下午，罗斯威尔事件的目击者布拉索接受记者法兰克·乔伊斯的专访。布拉索说：“牧场里不仅有坠毁的飞碟，还有不明生物的尸体。”布拉索表示，那些不是猴子的尸体，而是某种小矮人般的生物。只是布拉索自从被军方关押后，就不再敢提起那天看到的事物。“因为讲出来我就会没命。”换句话说，布拉索可能被军方下了封口令。

另外，当年有很多市民目睹军方在罗斯威尔进行残骸回收作业，有人看到大卡车上载着一个圆盘形物体。根据这个目击证词，在罗斯威尔坠毁的物体可能就是来自太空的UFO，而且里面的外星人因为UFO坠毁而死亡，军方才会再度前往现场，回收尸体。

根据目击证词制作的乘员模型

然而，罗杰·雷米在媒体镜头前光明正大地声称那是气象

气球的残骸，不由得让人对罗斯威尔坠毁物的真实性存疑。或许真正的残骸早就被军方调包了。

另一方面，美国空军为了对抗一系列的质疑，曾在1994年和1997年，两度对罗斯威尔事件的调查结果发表公开声明。不过其内容依然不变，军方还是主张“当年回收的是气象气球的残骸”。针对当时现场的某种生物的尸体，军方对外宣称只是实验用的假人。

1997年，美国空军制作了一份数百页的书面报告，主要内容为否定罗斯威尔事件的坠毁物是UFO

如今，对于罗斯威尔事件的坠毁物究竟是气球还是UFO这个问题，始终没有确切的结论。毕竟空军的调查报告和现场的目击报告差异甚大。更何况，坠毁物的残骸等相关物品都被军方回收了，重要证物全都被藏了起来。

地球制UFO研发成功了吗

UFO的目击历史可追溯至1947年。在第二次世界大战期间，美国研发出和飞碟相似的圆盘形战斗机。当时，美军为了拥有不需要滑行道也能在近距离着陆的飞行器，着手研发这种战斗机。可惜的是，随着1945年第二次世界大战结束，美军中止了这种战斗机的研发。

20世纪50年代，加拿大飞机制造商阿弗罗接受美军和美国中央情报局的赞助，研发出堪称地球制UFO的圆盘形飞行器。这种飞行器直径约为5米，以喷射空气为动力，可以在空中自由移动。

1959年，这种飞行器首次试飞，最终以失败告终。在试飞高度不足1米的情况下，飞行器的引擎就出现了超负荷的状况，飞行器本身无法长时间在空中维持机体的稳定性。飞行器的研发实验持续至1961年，但由于没有任何成果，因此阿弗罗公司决定放弃研发。

此地球制UFO的研发计划在当时被视为机密，甚至谣传飞行器的研发利用了外星人的部分科技。这个猜测一直没有得到证实。

美军以UFO为概念研发的圆盘形战斗机。此战斗机从未试飞过

加拿大阿弗罗公司研制的飞行器